Midjourney
商业设计完全教程

陶丽帆　著

北京大学出版社
PEKING UNIVERSITY PRESS

内 容 提 要

本书是针对设计师如何利用AIGC（人工智能生成内容）提高工作效率的全面指南。在当前AIGC迅猛发展的时代背景下，设计师应如何应对并利用这一技术提升创作效率？本书将为你揭示答案。

书中首先介绍了AIGC的发展现状，以及设计师应如何适应这一变革，然后深入讲解了Midjourney的使用方法，让读者掌握这一AI设计工具的核心技能，最后通过一系列实操案例，详细讲解了Midjourney在图标设计、Logo设计、IP形象设计、海报设计和UI设计、游戏界面设计等领域的实际应用技巧，帮助读者将所学知识点在商业设计实战中融会贯通。

本书内容结构清晰，案例丰富实用，不仅适合需要掌握AI工具提升工作效率的设计师群体，如UI设计师、平面设计师、品牌设计师等，同时也适合对AI艺术创作感兴趣的爱好者学习。此外，本书还可作为AIGC教学的参考书籍，为读者提供丰富的理论知识和实践经验。

图书在版编目（ＣＩＰ）数据

Midjourney 商业设计完全教程 / 陶丽帆著 . — 北京：北京大学出版社，2024.6
ISBN 978-7-301-35064-5

Ⅰ . ① M… Ⅱ . ①陶… Ⅲ . ①图像处理软件 – 教材 Ⅳ . ① TP391.413

中国国家版本馆 CIP 数据核字（2024）第 095331 号

书　　　　名	Midjourney商业设计完全教程	
	Midjourney SHANGYE SHEJI WANQUAN JIAOCHENG	
著作责任者	陶丽帆　著	
责 任 编 辑	刘　云　吴秀川	
标 准 书 号	ISBN 978-7-301-35064-5	
出 版 发 行	北京大学出版社	
地　　　　址	北京市海淀区成府路205号　　100871	
网　　　　址	http://www.pup.cn　　　新浪微博: @北京大学出版社	
电 子 邮 箱	编辑部 pup7@pup.cn　　总编室 zpup@pup.cn	
电　　　　话	邮购部 010-62752015　发行部 010-62750672　编辑部 010-62570390	
印 刷 者	北京宏伟双华印刷有限公司	
经 销 者	新华书店	
	787毫米×1092毫米　16开本　14.25印张　369千字	
	2024年6月第1版　2024年6月第1次印刷	
印　　　　数	1-3000册	
定　　　　价	89.00元	

PREFACE

序言一

　　首先，我要对作者表示折服。丽帆不仅在商业设计领域工作了12年，还能在AIGC（生成式人工智能）刚涌现的几个月间，将自己的应用经验和见解整理成书，这本身就是一项了不起的成就。这本书的出现，正是"技术为王"的时代设计师转型发展的一个缩影。随着技术的日新月异，商业设计领域也在不断变化。本书的内容紧跟时代步伐，探讨了最新的AIGC工具创作的可能性，以及它们如何影响商业设计的落地。

　　对于当下接触AIGC的设计师来说，这本书是一本实用宝典。它不仅提供了丰富的理论知识，还结合了作者的实践案例，使设计师能够更深入地理解商业设计的实际应用。作为教育工作者，我深知AIGC创作理论与实践结合的重要性。本书正好成为案头的工具书，为设计师提供一个学习和探索商业设计的新视角。

　　此外，本书的一个亮点是作者运用AIGC工具对多领域设计表现进行尝试。在这个快速变化的时代，能够预见未来并为之做好准备是每个设计师必备的能力。作者不仅分享了自己的经验成果，还激励读者思考如何应对未来的挑战和机遇。

　　最后，我要感谢作者为我们带来这样一本内容丰富的书。它不仅对在校学生有益，对于业界设计师同样具有重要价值。我相信，无论是初学者还是设计师，每个人都能从这本书中获得启发和灵感。

　　总之，《Midjourney商业设计完全教程》是一本紧跟时代脉搏、理论与实践结合的前沿作品。作为一名设计领域教育工作者，我为能够给这样一本书写序言感到自豪，并期待它能够启发和帮助更多的设计同人。

湖南省设计家协会第三届数字媒体艺术专业委员会常务副主任

PREFACE

序言二

　　作为曾经在大厂做设计师，并且现在专注于为企业提供 AI 绘画技术培训的专业人士，我很荣幸能为《Midjourney 商业设计完全教程》这本书撰写序言。在我职业生涯的转变中，我见证了科技如何深刻地改变着设计行业的生态，而 Midjourney 正是这场变革中的一个重要里程碑。

　　"Midjourney"这款基于人工智能技术的商业设计软件，以其强大的功能和高效的流程优化能力，正在革新我们的设计实践。在我多年的从业经历中，从大厂一线的设计实战到如今推广普及 AI 绘画技术的过程中，我真切体会到这类工具对于提升工作效率、拓宽创新边界的重要性。

　　最开始我在大厂做设计师的时候，想要做出创新，想要把新的想法落地都是很难的事情。但是后来接触了 AI 绘画之后，才发现设计创新及想法落地原来可以这么简单。AI 真的让设计这个行业发生了翻天覆地的变化。今年我也开始去服务一些企业，帮它们培训设计师，进行 AI 提效和提供 AI 落地解决方案，比如安踏等知名公司。所以也发现大厂对 AI 的重视程度是越来越高了。

　　本书正是为了满足广大设计师和企业对掌握先进设计工具的需求而精心编纂的，它摒弃了冗余繁复的术语，以平实易懂的语言介绍了 Midjourney 的各项操作与应用技巧。无论是久经沙场的老手，还是刚踏入商业设计大门的新秀，都能从中找到适应自己成长路径的知识点。

　　本书详尽阐述了从基础操作到高级功能的运用方法，并结合真实案例，生动展示了如何借助 Midjourney 来优化品牌视觉识别、驱动产品迭代升级，以及提升用户体验。这不仅是一本教科书，更是一部实用的手册，陪伴每位读者逐步驾驭 Midjourney 这一利器，在商业设计领域实现自我突破。

　　通过阅读本书，我期待每位读者不仅能掌握这项尖端技术，还能将其融入自己的设计理念和工作实践中，进而引领企业的设计创新能力迈向新的高度。愿我们在探索 AI 绘画无限可能的旅程中共同前行，为商业设计行业的发展注入源源不断的活力与智慧。

阿里巴巴原设计专家，安踏等多家知名公司 AI 绘画导师　

附赠资源

    读者可以用微信扫一扫下方二维码，关注"博雅读书社"微信公众号，输入本书 77 页的资源下载码，根据提示获取随书附赠的超值学习资源。

CONTENTS
目录

第 1 章

设计师如何利用 AIGC 提高工作效率

人工智能技术日新月异，已经成为当今社会的重要发展方向。它的发展将对每个人的生活、工作，乃至整个社会产生深远的影响。作为设计师，我们该如何应对这个快速发展的新事物呢？

1.1/
探索AIGC

生成式人工智能（Artificial Intelligence Generated Content），简称 AIGC。作为设计师，我们应该积极思考和应对 AIGC 的发展。通过不断学习更新知识、重新审视设计角色、关注社会影响以及与其他领域合作，我们将能够适应这一新的技术趋势，并在其中发挥出自己独特的价值和创造力。

1.1.1　什么是生成式人工智能AIGC

AIGC 是指能够生成新的、类似人类创作的文本、图像、音频等数据的人工智能系统。这种人工智能系统通常使用深度学习技术，通过大量的数据训练，学习如何生成新的、有意义的文本、图像、音频等数据。

它包括使用机器学习算法从大规模数据集生成文章或报告，或者使用深度学习技术生成逼真的图像、视频、音频或其他艺术作品。这种技术正在各种应用中被广泛使用，比如新闻报道、社交媒体内容创作、营销广告、视频 / 音频创作、数字人直播、平面设计、建筑设计、服装设计，以及电影和游戏制作等领域。

互联网形态	Web1	Web2	Web3与元宇宙
内容生成方式	PGC（专业生产）	UGC（用户生产）	AIGC（AI生产）
生产主体	专业人	非专业人	非人
核心特点	内容质量高	内容丰富度高	生产效率高

来源：杜雨、张孜铭等《AIGC智能创作时代》

1.1.2　AIGC的现状和前景

目前，AIGC 技术已经在各个领域被广泛应用。比如，在新闻发布领域，大量的财经新闻、体育新闻等标准化程度很高的新闻稿件，已经可以由机器自动写作。在电影电视行业，AI 已经能够自动生成剧本、人物设定，以及一些简单的 CG 效果。在广告营销领域，利用 AIGC 技术可以根据用户的兴趣和行为数据，自动生成个性化的推广文章、广告语、产品描述等内容。此外，过去需要花费大量时间和精力的设计和创作工作，现在也越来越多地由 AI 来完成，大大提高了效率。

随着 AI 技术的发展和进步，AIGC 的运用范围有望进一步扩大。人工智能将会创作出更多、更具创新性的内容，包括各种复杂的创作，比如音乐、小说、诗歌、画作等。

展望未来，AIGC 技术可能在独立创作上发挥重要的作用，可以生成更加丰富、更高质量的内容。同时，AIGC 也可能被用来进行大规模的个性化定制，比如生成个性化新闻、个性化广告、个性化推荐等。

此外，AIGC 技术也可能对新闻传媒、文化娱乐、教育等行业产生深远影响，推动这些行业的发展和变革。

1.1.3 AIGC的工具介绍

AIGC 能自动生成文字、图像、视频、音频或其他类型的数字内容。AI 绘画、AI 写作都属于 AIGC 的具体形式，本书主要探讨这两个方向。

1 AI 写作工具

● ChatGPT

ChatGPT 是由 OpenAI 开发的一种基于机器学习的人工智能对话模型。它的工作原理是，首先在大量的文本数据上进行预训练，学习如何预测下一个词；然后进行细粒度的调整，让它能够完成诸如回答问题、写作等特定任务。

ChatGPT 尤其擅长生成连贯和有趣的对话。你可以赋予它一个对话的开

头，如："你认为 AI 对社会有什么影响？" ChatGPT 将会生成一个可能的后续对话，基于它从训练数据中学到的语言模式。

● 文心一言

文心一言是百度公司推出的一款知识增强大语言模型，能够与人对话互动、回答问题、协助创作，高效便捷地帮助人们获取信息、知识和灵感。还可以用来创作诗词、故事、习语解读、对联等。

用户只需输入一些关键词，文心一言就能根据用户的需求生成相应的内容。例如，用户输入"春天""花开"，那么它就会生成和春天花开相关的诗词。

此外，还有一些其他同类产品，例如阿里巴巴的"通义千问"和科大讯飞的"讯飞星火"等。

2 AI 绘画工具

● Midjourney

Midjourney 是由 Midjourney 研究实验室开发的一款 AI 绘画工具。它通过输入提示词，利用 AI 算法生成相应的图片。用户可以选择不同画家的艺术风格，如达·芬奇、毕加索等，并且还能识别特定镜头和摄影术语。

Midjourney 提供了一个简单易用的界面，用户可以通过调整参数和提示词来创造独特的艺术作品。生成的图片具有较高的审美水平和多样性。然而，缺点是生成的结果有一定的局限性，并且用户对其控制有限。

Midjourney 官方中文版已经开启内测，其搭载在 QQ 频道上，加入频道后，在常规创作频道中输入/ 想象 + 生成指令，即可召唤 Midjourney 机器人进行作画。

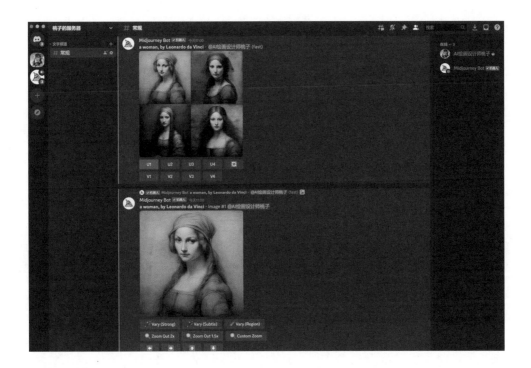

● Stable Diffusion

Stable Diffusion 利用深度学习技术和高级算法，能够在短短几秒钟内创建逼真的图像。用户可以根据自己的创作需求选择不同的绘画样式和参数，以实现个性化的绘画风格。此外，它还提供灵活的编辑工具，让用户能够对绘制结果进行精细调整和优化，以实现更加完美的艺术作品。

在进行 Stable Diffusion 的本地部署时，需要满足一定的硬件和软件要求。

此外，AI 绘画工具还包括 Adobe 公司推出的 Firefly，以及国内的文心一格等产品。

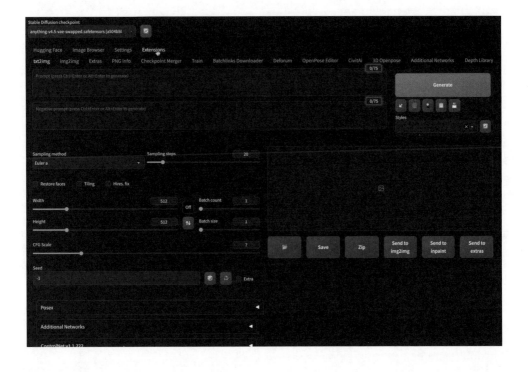

1.2/
AIGC的商业应用

随着人工智能技术的快速发展，AIGC 开始在各个领域发挥重要的作用。目前，腾讯、阿里、网易等互联网公司早已意识到 AIGC 的优势，已经开始在工作中应用这一技术。

1.2.1　AIGC在设计领域的商业应用

传统的设计过程通常需要耗费大量的时间和精力来构思和绘制各种设计元素。然而，AIGC 可以根据设计师的指导和需求，自动生成各种创意、图形，甚至是整个设计方案。通过 AIGC，设计师可以更快速地探索各种可能性，提供更多样化的设计解决方案。这样，设计师可以将更多的时间和精力用于审美、用户体验和创意方面的提升。

AIGC 还可以辅助设计师在设计过程中进行用户研究与竞品分析，从而帮助设计师做出更明智的设计决策。

AI生成图片	AI生成文字	AI生成音频	AI生成视频
图标、Logo、IP形象、海报、UI界面、头像、表情包、摄影、插画、包装设计……	用户分析、竞品分析、游戏策略、广告文案、商品说明、商品详情……	背景音乐、配音、配乐音效……	广告宣传、视频特效、Gif图……

1.2.2　AI生成图片

AI 不仅在绘画方面表现突出，在设计方面的表现也同样令人瞩目。无论是图标设计、Logo 设计、IP形象设计、海报设计，还是 UI 设计，AI 都能够发挥其独特的优势。AI 能够自动分析和理解设计需求，并根据给定的指引和要求创作出高质量、独特的设计作品。AI 在设计过程中能够提供创意灵感，并根据用户的喜好和品牌形象进行智能调整，确保设计作品与用户需求契合。AI 的设计能力不仅提高了效率，还为用户带来了更多的可能性和创意空间。无论是小型企业还是大型机构，都可以借助 AI 的设计能力获得卓越的设计作品，从而在激烈的市场竞争中脱颖而出。AI 的设计能力不仅令人惊叹，更为设计领域带来了前所未有的创新和发展。

下面让我们来一起欣赏 AI 的在各个设计领域的表现。

1　图标设计

AI 绘画在图标设计方面表现非常出色，特别是在绘制 3D 图标方面取得了长足的发展，可以生成逼真的图像和图标。当然，AI 绘画有它的不可控性，在做一些特定风格时，还不能很好地呈现。在统一性上，还需要设计师用专业软件进行调整，使得图标更加统一。

2 Logo 设计

现阶段，AI 可以根据用户提供的要求和指导，生成多个不同的 Logo 设计方案，并根据反馈进行优化和调整，为设计师提供更多的灵感。AI 在设计 Logo 方面有一定的能力和应用，但目前还存在一些限制和挑战，比如品牌传达、文字处理、版权等问题。因此，最终的设计还需要设计师的审美和专业知识来完成。

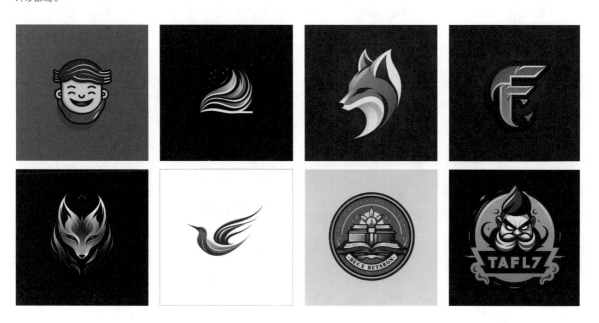

3 IP 形象设计

AI 绘画设计的 IP 形象已经非常成熟。它大大提高了创作效率和创意多样性，可以在短时间内生成多个设计选项，帮助艺术家或设计师快速探索不同的创意方向。

4 海报设计

光线传媒推出的动画电影《去你的岛》，使用了 AI 生成的宣传海报。这些海报的生成过程中运用了多种 AI 工具，包括 Midjourney、Stable Diffusion 和 ChatGPT。首先，设计师提供创意和 Prompl（提示），并利用 ChatGPT 完善提示词。其次，在 Midjourney 中输入提示词生成多张图片以供挑选。最后，使用 Stable Diffusion 对局部效果进行调整。通过设计师与人工智能的协作，一张张精彩的海报得以完成。

5 UI 设计

在 UI 设计中，AI 绘画设计具有许多优势。首先，AI 可以快速生成情绪版风格草图，包括色调和布局，为设计师提供参考和灵感。其次，AI 绘画可以帮助设计师快速迭代和试错，加快设计的速度和效率。无论是图标设计、海报设计，还是插画设计，AI 绘画都能够提供高质量的作品，减轻设计师的工作负担。

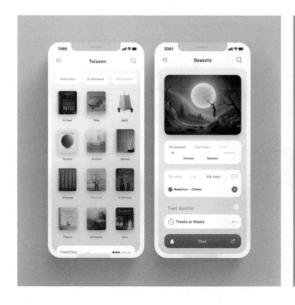
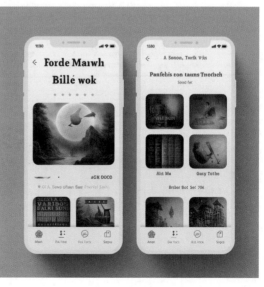

1.2.3　AI生成文字

1　用户研究与竞品分析

在产品设计初期，用户研究和竞品分析是至关重要的环节。我们可以利用 ChatGpt 作辅助，通过与 ChatGpt 对话，我们可以获得更多的需求和痛点。同时，ChatGpt 还能够帮助我们分析竞争对手的产品特点和市场趋势，为我们的产品设计提供更多的参考和灵感，有助于我们做出更优秀的产品设计决策。

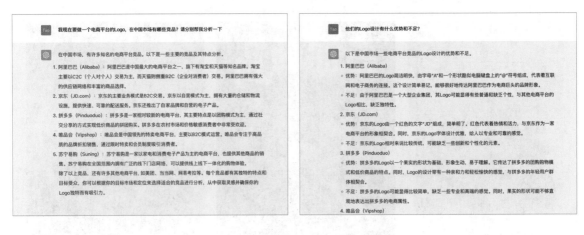

2　创意构思

在进行头脑风暴创意构思时，ChatGpt 可以作为一种有力的辅助工具。通过与 ChatGpt 对话，我们可以提出各种创意构思的问题和需求，并根据其回答和建议，获得更多的设计方案。这种方法可以帮助设计团队快速产生多样化的创意，并为设计师提供更多的灵感和思路。

1.3/
设计师应该如何应对 AIGC

对于设计师而言，AIGC 并不是竞争对手，而更像是一种新的工具和资源，可以助力他们进行更高效、创新和个性化的设计。面对 AIGC 的快速发展，设计师可以通过以下方式来思考和应对。

1.3.1 不断学习、拥抱科技

与 AI 合作：学习和理解 AI 的基本原理和应用，将 AI 视为一个工具或者团队成员，与 AI 合作可以实现更高效和有创意的设计。比如，使用 AI 绘画工具生成图片，使用 ChatGPT 来做用户研究和竞品分析等。

改变设计流程：设计师可以利用 AIGC 技术改变传统的设计流程。例如，利用人工智能算法进行用户调研和分析，利用 AI 绘画工具进行快速的概念稿设计等。这些新技术可以大大缩短设计周期，提高设计效率。

创新思考：AI 的出现并不能取代设计师的创造力。因此，设计师需要提升自己的创新思考能力，从不同的角度来看待问题，创造出无法被机器复制的设计。

提升专业知识：设计师可以通过深入了解专业知识，比如理论、布局、色彩、字体等，来提高自己的专业性，同时也可以增加 AI 难以替代的部分。

总之，设计师应该积极应对 AIGC 技术带来的机遇和挑战，通过不断学习和探索，以及适应不断变化的环境，为自己在未来的职业生涯中赢得更多的优势。

1.3.2 设计师的不可替代性

创造力和想象力：尽管 AI 可以生成各种设计，但它的"创新"依赖于已有的数据和算法。优秀的设计源自人类的创造力和想象力。

对人类情感的理解和共鸣：良好的设计需要深入理解目标受众的需求、情绪和文化背景，这需要人类的情感智慧和同理心。

综合思考能力：设计师需要深入了解业务，制定设计策略，并能与合作伙伴进行有效沟通。这种策略性思考与决策制定能力是 AI 无法取代的。

沟通和协调能力：设计师需要与不同的角色进行有效的沟通和协调，包括但不限于客户、同事、领导等。良好的沟通和协调能力可以帮助设计师更好地理解各方需求，并推动设计项目的顺利进行。

总之，尽管 AIGC 技术在设计领域中具有重要的作用和潜力，但设计师的一些关键能力仍然是 AIGC 技术无法替代的。这些能力使得设计师能够更好地应对不断变化的设计挑战和市场需求，创造出更加有意义和更具吸引力的设计作品。

第 2 章

Midjourney
使用详解

在AI绘画领域，有许多工具可供选择，每个工具都有其优点和缺点。然而，其中有一个工具被公认为在美学方面表现出色，那就是Midjourney。因此，在本章中，我们将深入探讨Midjourney的使用方法。

2.1/
AI绘画简介

在开始学习 Midjourney 之前，让我们先了解什么是 AI 绘画，以及它的优点和缺点。

2.1.1　什么是AI绘画

AI 绘画指的是由人工智能（Artificial Intelligence，简称 AI）技术创作的绘画作品。通过深度学习和计算机视觉等技术，AI 可以学习并模仿人类艺术家的绘画风格和技巧，生成具有艺术性的图像、油画，或其他绘画作品。AI 绘画可以根据输入的图片或描述自动生成艺术作品和图像，或者通过与人类艺术家、设计师合作，进行创作辅助。

有许多 AI 绘画平台可供选择，其中包括国外的 Midjourney、Stable Diffusion、DALL·E 2、Adobe Firefly，以及国内的文心一格等。本书主要使用的是 Midjourney 平台。

2.1.2　AI绘画的优点

AI 绘画的出现确实颠覆了传统的创作方式。以 Midjourney 为例，与传统设计师相比，它可以大大减少创作时间和流程。传统的设计师可能需要经过设计草图、建模、渲染等多个步骤，耗费 3~5 天的时间来完成一幅作品。而 AI 绘画只需要用户提供一段提示词或一幅提示图像，即可在一分钟内生成 4 张图片供使用者挑选。

这些由 AI 绘画生成的图像不仅极具艺术性和美观性，还充分考虑了配色、构图等美学原则。因此，使用者只需掌握正确的提示词撰写方法和技巧，即可快速获得符合需求的高质量图像。

这种新的创作方式使得艺术创作更加高效，比较容易上手，不仅能够满足设计师对优质作品的需求，还为非专业人士提供了艺术创作的机会，使得更多的人可以创作出具有艺术性的作品。

2.1.3　AI绘画的缺点

AI 绘画在出图效率和效果上具有突出的优势。然而，它也存在着一些缺点，需要我们注意。下面我以 Midjourney 为例分析 AI 绘画的缺点。

1 文字生成缺陷：当生成的图片中包含文字时，AI 绘画往往无法准确生成正确的文字内容。这可能导致生成的图片中出现文字错误，影响作品的完整性和准确性。

2 不可控性：Midjourney 的强大随机性使得生成的图片非常丰富和独特，这也是许多人喜欢它的原因。然而，这种随机性也使得 AI 无法百分之百地准确还原用户输入的提示词描述。

3 无法保持一致性：在绘制绘本或创建 IP（知识产权）形象等需要保持角色一致性的情况下，Midjourney 可能无法满足预期，这是其强大随机性的另一个缺点。

Midjourney 虽然存在一些缺点，但 AI 绘画仍然是一个有趣且有用的工具。它提供了一种新的创作方式，可以为人们带来视觉上的惊喜和灵感。从 AI 绘画的缺点可以看出，人类的创造力和主观性是无法替代的，因此，在一些需要更加精确和有特定要求的创作场景中，设计师仍然可以发挥其独特的优势和创意能力。

2.2 /
获取Midjourney的账号

Midjourney 是运行在 Discord 平台上的一个应用，所以，我们首先需要注册 Discord 账号，然后在 Midjourney 官网上绑定账号。

2.2.1 注册Discord账号

Discord 是一款免费的语音、视频和文本聊天应用程序，在全球范围内广泛使用。最初它是为游戏玩家设计的社区，同时也受到非游戏用户的欢迎。Discord 允许用户在私人或公共服务器上创建和加入不同的聊天室，也称为"频道"。用户可以与朋友、团队成员、兴趣相投者或社区成员进行实时语音和文本聊天，共享图片、视频、链接和其他文件。

2.2.2 绑定Discord账号

进入 Midjourney 官网 www.midjourney.com，单击右下角的"Join the Beta"按钮，按照提示流程绑定 Discord 账号。

2.2.3 在 Discord 上创建个人服务器

步骤 01 进入 Discord，单击左侧的"+"号，根据提示流程创建个人服务器，这样做的好处就是在个人服务器生成的图都是个人的，不会有其他人生成的图。

步骤 02 单击左侧 Midjourney 的头像，进入 Midjourney 的服务器，把 Midjourney 添加至我的个人服务器。

2.2.4 订阅 Midjourney 会员

目前，需要通过付费订阅的形式使用 Midjourney。在 Discord 中运行命令 /subscribe，或者进入官网 www.midjourney.com 进行订阅。

Midjourney 有 4 种会员模式，可以根据自己的使用需求选择。其中，基本计划每月 10 美元，每个月出图 200 张；标准计划每月 30 美元，每个月有 15 小时快速模式使用时长额度；专业计划每月 60 美元，每个月有 30 小时快速模式使用时长额度，并且可以隐藏自己生成的图；大型计划每月 120 美元，每个月有 60 小时快速模式使用时长额度。

时长额度是指用户占用 Midjourney 服务器的时间，也就是 Midjourney 根据用户的提示而绘图的时长。快速模式（fast mode）是指，当用户提交自己的提示后，Midjourney 立即开始绘图。如果快速模式的时长额度用完了，就会变成慢速模式（relax mode）。该模式是指，当用户提交自己的提示后，Midjourney 只有在服务器空闲的情况下，才开始绘图。

2.3/
Midjourney入门

从本节开始，我们将正式进入 Midjourney 的学习（本书写作时，Midjourney 最新版本为 V5.2）。

2.3.1　了解Discord的基础界面

Midjourney 是运行在 Discord 平台上的一个应用，所以，我们都是在 Discord 上使用 Midjourney。

①服务器列表：服务器是虚拟群组，用户可以创建或加入不同服务器来满足自己的需求和兴趣；

②频道列表：频道可以按照不同的主题或目的进行分类，满足了用户的不同交流需求；

③对话列表：我们生成的所有图片都会在对话框列表里呈现；

④输入框：我们的命令、参数、提示词都将在这里输入；

⑤成员和机器人列表：加入此服务器的人员和机器人都会在这里展示。

2.3.2 第一次使用/ imagine生成图像

步骤 01 在输入框中输入"/"，在弹窗中选择 /imagine。

步骤 02 在输入框中输入要创建的图像的描述词。

步骤 03 发送消息，机器人将按照用户的提示词在一分钟内生成 4 个图像。

2.3.3　放大图像和修改图像

生成初始图像网格后，图像网格下方将出现两行按钮。按钮上的数字，代表图片的顺序，例如 U1 就代表第一张图，以此类推，顺序依次为：从左至右，从上至下。

1 单击 U1 / U2 / U3 / U4 按钮：可以放大图像，放大的图像将会添加更多细节。

单击U4

再次生成的图像

2 单击 V1 / V2 / V3 / V4 按钮：可以对图像进行再次创作，会在所选的图像上进行较强 / 微妙的变化，整体风格保持一致（默认的变化强度可以去 /settings 中设置，具体请参考本书"2.5.5 settings 命令详解"）。

单击V4

再次生成的图像

③ 单击刷新按钮 🔄 ，即可重新运行原始提示词，生成新的图像网格。

单击刷新 　　　　　　　　　　生成新的图像网格

2.3.4 进一步修改图像

在单击 u1/u2/u3/u4 按钮放大某张图片后，会出现新的按钮，可以对图像进行进一步修改。

① 单击 Vary (Strong)：可以对图像进行再次创作，整体风格保持不变，变化较大；

单击Vary（Strong） 　　　　　　生成新的图像网格

② 单击 Vary (Subtle)：可以对图像进行再次创作，变化较小，只在细节部分做了微调；

<table>
<tr><td>单击 Vary（Subtle）</td><td>生成新的图像网格</td></tr>
</table>

3 单击 Vary (Region)：会出现一个弹窗。在该弹窗中，可以使用矩形工具或套索工具来圈出想要修改的区域，即可对所选区域进行重新绘制，生成四格图（如需修改提示词，需要先在 /settings 中开启 remix 模式，具体请参考本书"2.7.3 remix 合成模式"）。

单击Vary (Region) 　　出现弹窗，圈出要修改的部分 　　再次生成的图像

更多案例展示：

原始图像 　　　　　选择修改区域 　　　　　结果

  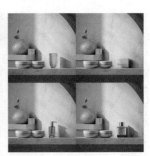

原始图像　　　　　　　选择修改区域　　　　　　　结果

4 单击 Zoom Out 2x、Zoom Out 1.5x、Custom Zoom：会扩展画布的原始边界，而不改变原始图像。新扩展的画布将根据提示词和原始图像进行填充，生成新的图像网格。

Zoom Out 2x 扩展 2 倍，Zoom Out 1.5x 扩展 1.5 倍，Custom Zoom 可自定义扩展大小和修改提示词。

单击Custom Zoom　　　　　　　生成新的图像网格

Zoom Out 还可以用来给模特换装，并且还有更多的用法等待我们去挖掘。

原图　　　　　　　　　　Zoom Out 2×

再次单击 Zoom Out 1.5x，如下图所示：

5 单击方向按钮 ← / → / ↑ / ↓：可以沿选定方向扩展画布的原始边界，而无须更改原始图像的内容。新扩展的画布将根据提示词和原始图像的指导进行填充（如需修改提示词，请先在 /settings 中开启 remix 模式）。

单击方向按钮

生成新的图像网格

2.4 /
什么是Prompt（提示）

Midjourney 的 Prompt（提示）分为三部分：图像 URL、文字提示、参数。撰写好提示后，Midjourney 会对其进行解释，生成图像，并将提示词中的单词和短语分解为更小的部分（称为标记），可以将其与 Midjourney 的训练数据进行比较，用于生成图像。精准设计的提示有助于制作精美而又独特的图像。

2.4.1 基本提示

基本提示可以是简单的单词、短语或表情符号。Midjourney 最适合用简单的句子来描述用户想要的内容，我们应尽量避免使用太长的提示词。

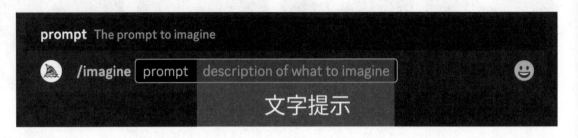

举例：

提示词：Show me a picture of lots of blooming Chinese peonies, make them bright, vibrant orange, and draw them in an illustrated style with colored pencils

翻译：给我展示一张大量盛开的中国牡丹花的图片，将它们设置为明亮、充满活力的橙色，用彩色铅笔以插图风格绘制它们

提示词：Bright orange Chinese peonies drawn with colored pencils

翻译：用彩色铅笔绘制明亮的橙色中国牡丹花

2.4.2 高级提示

更高级的提示包含：一个或多个图像 URL（图像的链接网址）、多个文字短语，以及一个或多个参数。

1 图片提示：可以将图像 URL 添加到提示中，它会影响最终结果的样式和内容。图像 URL 始终出现在提示词的前面。

2 文字提示：对生成图像的文本描述。具体请参阅"2.4.3 提示词说明"和"2.4.4 探索提示词"。

3 参数：参数可以改变图像的生成方式，比如比例、模型等。参数位于提示词末尾。

2.4.3 提示词说明

1 长度：提示词可以非常简单，一个单词就能生成一个图像。非常短的提示将在很大程度上依赖于 Midjourney 的默认样式，更具多样性。如果想要画面更精细准确，更符合创作需求，提示词就要描述得更具体。但是，具体不代表更长的提示词，而是需要准确的提示词。

2　语法：Midjourney 不像人类可以理解语法、句子结构。在很多情况下，更具体的词效果更好。不要使用 "big"，而是使用 "gigantic""enormous" 或 "immense"。更少的单词意味着每个单词都有更强大的影响力。使用逗号、方括号和连字符来组织我们的创意。

3　使用集体名词：可以尝试具体数字。"Three cats" 比 "cats" 更具体。也可以用 "flock of Birds" 代替 "birds"。

4　专注于我们想要的：最好描述我们想要什么，而不是描述我们不想要什么。如果我们要一张没有红色的图像，请尝试使用 --no 参数进行提示。

5　什么最重要：我们根据想法去描述画面，但是遗漏的任何细节都将是随机的。描述得越模糊，画面越多样。什么细节或背景最重要？

主题：人、动物、植物、地点、物体等。

媒介：照片、绘画、插图、雕塑、涂鸦、织锦画等。

环境：室内、室外、月球上、水下、城市中等。

灯光：柔和、环境光、阴天、霓虹灯、演播室灯等。

颜色：鲜艳、柔和、明亮、单色、彩色、黑白等。

情绪：宁静、喧闹、精力充沛等。

构图：肖像、头部像、特写、鸟瞰等。

2.4.4　探索提示词

本节我们主要探索提示词，即使是简短的单个提示词也会在 Midjourney 的默认风格中产生特别的图像，我们可以结合艺术媒介、历史时期、地点等概念来创建更有趣的图像。

1　艺术媒介：生成图像的最佳方法之一是指定艺术媒介。

> 提示词：Block Print style dog（一只版画风格的狗），Block Print 可以替换成以下除它之外的任何艺术媒介。

Block Print　　　　　Graffiti　　　　　Ukiyo-e　　　　　Paint-by-Numbers

（版画） （涂鸦） （浮世绘） （数字画）

Watercolor　　　　　Cross Stitch　　　　　Folk Art　　　　　Cyanotype
（水彩）　　　　　（十字绣）　　　　　（民间艺术）　　　　　（蓝晒法）

Pencil Sketch　　　Blacklight Painting　　　Cut Paper　　　Pixel Art
（铅笔素描）　　　　（黑光绘画）　　　　　（剪纸）　　　　　（像素艺术）

2 精确的形容：更精确的单词和短语会让生成的图像更符合用户的预期。

> **提示词：** Life Drawing sketch of a cat（一只猫的写生素描），Life Drawing可以替换成以下除它之外的任何词。

Life Drawing　　　Loose Gestural　　　Continuous Line　　　Charcoal
（写生）　　　　（松散的手势）　　　　（连续线）　　　　（炭笔）

3 年代：不同的年代会有不同的视觉风格。

> **提示词：** 1700s cat illustration（17世纪风格猫的插图），1700s可以替换成以下除它之外的任何年代。

| 1700s | 1800s | 1900s | 1920s |

| 1940s | 1960s | 1980s | 2000s |

4 表情：使用表情词语会赋予人物或角色情绪和个性。

> **提示词：**Happy dog --niji 5（快乐的狗，niji5模式），Happy可以替换成以下除它之外的任何情绪。

| Happy | Determined | Amazed | Angry |
| （快乐的） | （坚定的） | （惊讶的） | （生气的） |

5 色彩：控制色彩，让画面更加符合预期。

> **提示词：**Millennial Pink colored cat （千禧粉红颜色的猫），Millennial Pink可以替换成以下除它之外的任何颜色。

Millennial Pink	Pastel	Green Tinted	Two Toned
（千禧粉红）	（粉彩）	（绿色）	（两种色调）

6 环境：还可以设定不同的环境。

提示词：Jungle dog（在密林中的狗），Jungle可以替换成以下除它之外的任何地点。

Jungle	Tundra	Desert	Mountain
（密林）	（冻原）	（沙漠）	（山）

2.5/
Midjourney的命令

我们可以通过输入命令与 Midjourney Bot 进行互动。命令可以用于创建图像、更改默认设置、监视用户信息，以及执行其他任务。

2.5.1 常用命令

我们在输入框输入 / 即可调出命令列表，如下图。

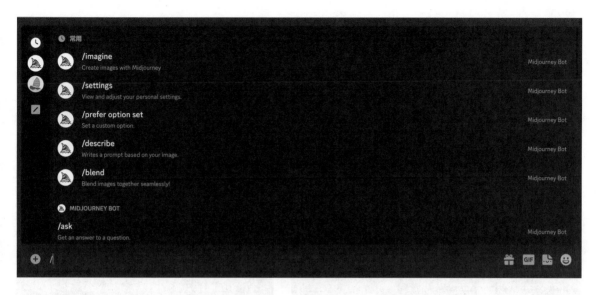

常用命令列表：

命令	说明
/ imagine	想象：使用提示生成图像，这是核心功能
/ describe	描述：根据用户上传的图像生成 4 个示例提示词
/ shorten	缩短：缩短用户给的提示词
/ blend	混合：将多张图片混合成一张图
/ settings	设置：修改机器人设置、系统参数
/ prefer suffix	首选项后缀：指定要添加到每个提示末尾的后缀
/ prefer option set	首选项设置：创建或管理自定义选项
/ prefer option list	首选项列表：查看当前存在的自定义选项列表
/ relax	慢速：切换到慢速模式
/ fast	快速：切换到快速模式
/ turbo	涡轮：切换到涡轮模式（速度是快速模式的 4 倍）
/ public	公开：切换到公开模式
/ stealth	私人：切换到私人创作模式，作品不在公开区域显示，仅限专业订阅者
/ show	展示：发送图像的 ID，使其在 Discord 中重新生成图像
/ info	信息：查看有关用户的账户以及排队 / 运行中的信息
/ userid	用户 ID：可以获取自己的用户 ID
/ ask	问：可以问一些关于 Midjourney 的问题
/ help	帮助：获得操作帮助

2.5.2　describe命令详解

1 基本使用方法

/describe（描述）：根据用户上传的图像生成 4 个提示词。

如下图所示，首先在输入框中输入 /describe，然后上传图片，即可生成 4 个提示词，供我们挑选。

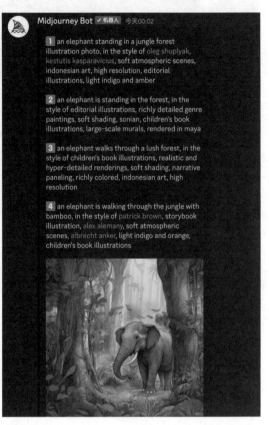

2 案例展示

从以下这组案例中，我们可以看出使用 Midjourney 给的提示词，元素基本能还原，但是在绘画媒介和风格上还有差异。因此，我们不能完全按照 Midjourney 生成的提示词来创作，还需要融入我们自己的经验，在原来的提示词基础上加入绘画媒介 watercolors（水彩）。

原图　　　　　　　　　　根据3号提示词生成的图像　　　　　　　提示词加入绘画媒介

2.5.3 shorten命令详解

1 **基本使用方法**

/shorten（缩短）：可以帮我们精简提示词。

Midjourney 机器人将提示词分解为更小的单位（称为标记）。这些标记可以是短语、单词，甚至是音节。Midjourney 机器人将这些提示词转换成它可以理解的格式，以便生成更符合用户期望的图像。

当我们的提示词过长，不利于 Midjourney 解读时，可以利用 /shorten 命令分析我们的提示词，筛选出提示词中最准确、最易解读的单词，使每个单词更具影响力，并删除不必要的单词。

如右图所示，先在输入框中输入 /shorten，然后把我们冗长的提示词发给 Midjourney。它就能生成 5 个提示词供我们挑选。提示词中最重要的标记以粗体突出显示，最不重要的标记以删除线显示。

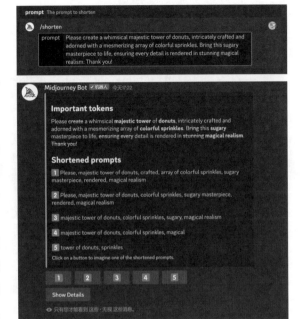

2.5.4 blend命令详解

1 **基本使用方法**

/blend（混合）：该命令允许我们先上传 2~5 张图像，然后根据每个图像的概念和美感，将它们合并成一个新图像。混合图像的默认长宽比为 1 : 1，我们可以根据需求调整为 2 : 3 或 3 : 2。

如需将 5 张以上的图像混合，可以使用 /imagine 命令输入图像链接，具体使用方法请参考本书"2.7.1 图像提示"。

如下图所示，先在输入框输入 /blend，然后上传 2 张图像，即可合并成新的图像。

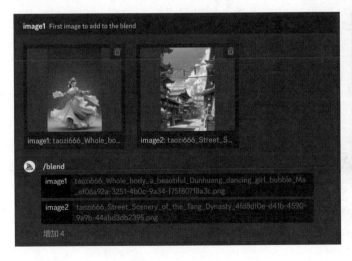

2 案例展示

2.5.5 settings命令详解

1 基本介绍

/settings（设置）：该命令提供了常用选项的设置按钮，设置成功后就变成了默认值，例如选择模型版本、风格化、速度等。需要注意的是，添加到提示末尾的参数，将覆盖设置中的选择。

如下图所示，在输入框输入 /settings ，即可调出设置面板。

2 变化模式

我们可以通过下图中的两个选项，设置高变化或低变化模式，设置完成后，当使用图像网格下方的按钮 V1 / V2 / V3 / V4 时，就会用我们设置的变化模式生成图像。

High Variation Mode 相当于 Vary (Strong)，Low Variation Mode 相当于 Vary (Subtle)。

其他参数请参考本书"2.6 Midjourney 的参数"。

2.5.6 prefer命令详解

1 基本介绍

/prefer suffix（首选项后缀）：指定要添加到每个提示词末尾的后缀。

/prefer option set（首选项设置）：创建或管理自定义选项。

/prefer option list（首选项列表）：查看我们当前的自定义选项。

2 /prefer suffix 的基本使用方法

步骤 01 先在输入框中输入 /prefer suffix，然后输入需要的参数 --ar 2 : 3，确定发送，即可创建成功。

步骤 02 在生成图像时，系统会自动加上刚刚创建的后缀。

注意事项

1. 后缀仅限"参数"的设置，可以设置多个参数，参数格式举例：--ar 2 : 3；

2. 首选项后缀设置成功后，每次生成图像时都会自动添加；

3. 如需取消，请使用/settings命令，并选择 Reset Settings清除首选项后缀。

3 /prefer option set 的基本使用方法

在我们的实际工作中，有各种不同的需求，比如 banner（横幅）、图标、海报等。同类需求的基本要求可能都一样这时候，就可以把通用的参数打包成一个，更加方便我们使用。

步骤 01 在输入框中输入 /prefer option set，在 option 后面命名一个参数集合的名称，在 value 后面写上我们需要的参数集合。

步骤 02 在提示词末尾写上我们的参数集合名称即可。

步骤 03 在生成图像时，该名称下面的参数集合会自动添加。

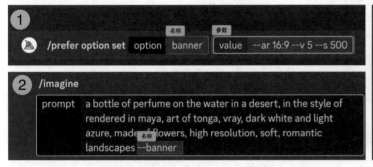

注意事项

1. 后缀仅限"参数"的设置，可以同时设置多个参数，参数格式举例：--ar 2:3；

2. 如需删除，请使用/prefer option set命令，选择首选项名称，并删除其名下所有的参数即可。

4 /prefer option list 的基本使用方法

在输入框中输入 /prefer option list，发送后，即可看到我们创建的所有的首选项，如下图所示。

2.5.7 show命令详解

1 基本介绍

/show（展示）：我们可以使用该命令将生成的图像（带有唯一的 ID）移动到另一个服务器中，并恢复丢失的图像。ID 是 Midjourney 生成的每个图像的唯一标识符。

2 如何查找 ID

第一种方法：在 Midjourney 官网上，按照以下方式可以复制 Job ID。

第二种方法：查看图片大图时，在网址末尾可以查看 Job ID。

第三种方法：单击信封表情符号，即可收到一条包含 Job ID 的私信。

第四种方法：把图片保存到本地后，在文件名称末尾可以查看 Job ID。

3 如何恢复我们的项目

如右图所示,先在输入框中输入 /show ,
再粘贴我们找到的 Job ID,发送后,即可恢复
我们的图像,我们可以对其进行再创作。

2.6 /
Midjourney的参数

Midjourney 的参数是指添加到提示词末尾处的一组提示,它可以用于更改图像的生成方式,还可以
更改图像的长宽比、模型版本、风格等。

2.6.1 常用参数

如下图所示,提示词末尾就是参数。

常用参数列表：

参数	取值范围	示例	说明
--version / --v（版本模型）	1、2、3、4、5、5.1、5.2	--v 5.2	版本：设置模型版本
--niji（动漫模型）	4、5	--niji 5	版本：设置动漫模型版本
--aspect / --ar（比例）	2：3、16：9 等	--ar 2：3	比例：生成图像的比例
--chaos / --c（混乱）	0 ~ 100	--c 50	混乱：设置生成图像结果的变化程度。数值越高，生成的结果越不寻常和意想不到
--quality / --q（质量）	0.25、0.5、1	--q .5	质量：设置生成图像的质量，参数值越高，消耗的时间越长、生成的图像细节越多
--repeat / --r（重复）	2 ~ 40	--r 4	重复：是指同一个提示重复运行的次数；根据不同的订阅计划会有不同的取值范围，比如基础订阅为 2 ~ 4 次
--style（风格）	v5.1、v5.2：raw niji：cute、expressive、original、scenic	--style raw	风格：该参数能取代某些模型版本的默认美感。可以帮助我们创建不同风格的图像、电影场景或更可爱的角色等
--stylize / --s（风格化）	0 ~ 1000	--s 100	风格化：参数值越高，生成的图像艺术化越强
--weird / --w（怪异）	0 ~ 3000	--w 250	怪异的：探寻独特的美学
--no（不要）	不限	--no red	不要：在生成结果中不要出现某个元素，比如 --no red，不要在图像中出现红色
--tile（瓦片）	/	--tile	瓦片：添加参数后可以创作出重复的、无缝衔接的图像。比如织物、壁纸和纹理。
--iw（图像权重）	0~2	--iw 1	图像权重：数值占比越大，图像提示的权重越高，默认值为 1（详情见本书 "2.7.1 图像提示"）
--seed（种子）	0 ~ 4294967295 的整数	--seed 12456789	种子：种子数是为每个图像随机生成的，也可以使用 --seed 参数指定。使用相同的种子和提示将产生相似的图像
--video（视频）	/	--video	视频：把图像的生成过程制作成视频，仅限生成图像网格时使用
--stop（停止）	10 ~ 100	--stop 80	停止：在某个百分比时停止生成，将会产生更模糊的结果
--relax（慢速）	/	--relax	慢速：使用慢速模式运行
--fast（快速）	/	--fast	快速：使用快速模式运行
--turbo（涡轮）	/	--turbo	涡轮：使用涡轮模式运行（速度是快速模式的 4 倍）

参数默认值（v5、v5.1、v5.2）：

参数	比例	混乱	质量	种子	停止	风格化
默认值	--ar 1：1	--c 0	--q 1	随机的	--stop 100	--s 100

模型版本和参数的兼容性：

参数	是否影响初始网格图像	是否影响变体+合成（remix）	版本：5、5.1、5.2	版本：4	版本：niji 5
--aspect / --ar（比例）	✓	✓	所有	1：2/2：1	所有
--chaos / --c（混乱）	✓		✓	✓	✓
--quality / --q（质量）	✓		0.25、0.5、1	0.25、0.5、2	0.25、0.5、3
--repeat / --r（重复）	✓		✓	✓	✓

续表

参数	是否影响初始网格图像	是否影响变体+合成（remix）	版本：5、5.1、5.2	版本：4	版本：niji 5
--style（风格）			raw（仅限5.1、5.2）	4a、4b	cute, expressive, original、scenic
--stylize / --s（风格化）	✓		0 ~ 1000、默认为100	0 ~ 1000、默认为101	0 ~ 1000、默认为102
--weird / --w（怪异）	✓		✓		
--no（不要）	✓	✓	✓	✓	✓
--tile（瓦片）	✓	✓	✓		✓
--iw（图像权重）	✓		0.5~2、默认为1		0.5~2、默认为1
--seed（种子）	✓		✓	✓	✓
--video（视频）	✓		✓		✓
--stop（停止）	✓	✓	✓	✓	✓

2.6.2　--v 版本参数详解

Midjourney 会定期发布新模型版本，以提高效率、一致性和质量。默认为最新型号，可以通过 /settings 命令选择模型版本，或在提示末尾添加参数 --v。每个模型都擅长生成不同类型的图像。

Midjourney V5.2 模型是当前（2023 年 9 月）最新、最先进的模型，于 2023 年 6 月发布。该模型可生成更详细、更清晰的结果，以及更好的颜色、对比度和构图。与早期模型版本相比，它对提示的理解更好，并且对整个 --stylize 参数范围的响应更加灵敏。

以下是模型版本 V4 和 V5.2 的对比，从中可以看出，V5.2 在笔触、光影、精致度等方面都有了很大的提升。

an elephant in the forest, watercolors --v 4　　　　an elephant in the forest, watercolors --v 5.2

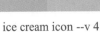

ice cream icon --v 4

ice cream icon --v 5.2

以下是 Niji 模型版本 V4 和 V5 的对比，Niji 模型是 Midjourney 和 Spellbrush 之间的合作，旨在制作动漫和插图风格。从对比中可以看出，V5 在光影和精致度上都有了很大的提升，但是 V4 的风格也是别有一番风味。我们可以根据自己的需求去选择模型，其他模型就留着我们实操的时候再去探索吧。

an elephant in the forest,
watercolors --niji 4

an elephant in the forest,
watercolors --niji 5

ice cream icon --niji 4   ice cream icon --niji 5

2.6.3 --ar 比例参数详解

--ar 比例参数可以控制生成图像的比例，用冒号分隔，例如 2 : 3，是指图像的宽度与高度之比。模型默认比例是 1:1。

2.6.4 --c 混乱参数详解

--c 混乱参数可以影响初始图像网格的变化程度。参数值越低，4 张图的相似度越高，出图结果越稳定、越可靠；参数值越高，4 张图的差异越大，出图结果越不寻常和意想不到。混乱参数的取值范围为 0 ~ 100，默认为 0。

如下图所示，提示词是"cute bear, big eyes, chubby body, soft fur（可爱的熊，大眼睛，胖乎乎的身体，柔软的皮毛）"，左图混乱参数是 0，图像比较符合提示词的描述，4 张图的相似度很高。右图混乱参数是 90，生成的图像非常的独特，也偏离了提示词的描述，4 张图的差异性非常大。

--c 0   --c 90

如下图所示，提示词是"watermelon cat hybrid（西瓜和猫的混合）"，左图混乱参数是 0，图像比较符合提示词的描述，4 张图的相似度很高。右图混乱参数是 80，生成的图像非常的独特，也偏离了提示词的描述，4 张图的差异性非常大。

--c 0   --c 80

2.6.5　--q 质量参数详解

--q 质量参数可以设置生成图像的质量，参数值越高，消耗的时间越长、生成的图像细节越多。参数值越高并不一定效果越好。有时,较低的参数值可以产生更好的结果,这取决于我们想要的图像。较低的参数值更适合抽象的图像。较高的参数值可以有更多的细节。质量参数默认为 1。

参数值有 3 种:0.25、0.5、1。其中 0.25 可以简写为 .25,0.5 可以简写为 .5。

如下图所示,提示词是 "a rose, watercolor(一枝玫瑰花、水彩)",从左到右的参数值分别是 0.25、0.5、1,可以看出图像的精致度越来越高。但是,有时候较低的质量参数也会有特别的效果。

    --q .25   --q .5   --q 1

下图的提示词是 "poster design for qixi festival(七夕节海报设计)",从左到右的参数值分别是 0.25、0.5、1,可以看出图像的精致度也是越来越高。图 1 的面部表情不自然、手有问题、身体不完整;图 2 的手部有问题;图 3 各方面就比较完善了。

    --q .25   --q .5   --q 1

2.6.6 --style 风格参数详解

1 基本介绍

--style 风格参数是对默认模版的一个扩展,该参数能取代某些模型版本的默认美感。添加风格参数可以帮助我们创建不同风格的图像、电影场景或更可爱的角色等。

我们通过对比，从下图可以看出开启风格参数后，就能减少默认模型的细节，非常适合用来做简约的图标。

ice cream icon --v 5.2   ice cream icon --v 5.2 --style raw

2 V 5.1、V 5.2 的风格参数

模型版本 5.2 和 5.1 中有一个风格参数 --style raw。--style raw 使用了另一种替代模型，因为该模型制作的图像减少了自动美化处理，所以当我们想要生成结果更符合我们的提示词，或者想要特定的风格时，更适合使用该替代模型。

如下图所示，提示词是"cake icon（蛋糕图标）"，左图为 v 5.2 版本生成，生成的图像非常真实和精致，但是不符合我们的需求，我们要的是图标。右图增加了参数 --style raw，该参数减少 Midjourney 默认的美感和细节，生成的图像和我们的需求更加匹配。

--v 5.2   --style raw --v 5.2

我们再看一个例子，如下图所示，提示词是"camera icon（相机图标）"，左图为 v 5.2 版本生成，右图增加了参数 --style raw。

--v 5.2   --style raw --v 5.2

3　niji 5 的风格参数

模型版本 niji 5 有 4 个风格参数。每个参数都有自己不同的风格和适用场景，具体介绍如下：

--style original 使用原始 niji 模型版本 5，这是 2023 年 5 月 26 日之前的默认版本。

--style cute 创造迷人可爱的角色、道具和场景。

--style expressive 为更富有表现力、更精致的插画风格。

--style scenic 在奇幻的背景下创作美丽的场景和电影人物。

我们对比一下这几种风格的呈现效果。

--niji 5   --style original --niji 5

--style cute --niji 5   --style expressive --niji 5   --style scenic --niji 5

4 风格参数的默认设置

风格参数除了在提示词末尾加上 --style xx，我们还可以使用命令参数 /settings 去设置默认值。

v5.1 和 v5.2 模型版本，点亮 RAW Mode 即可开启风格参数，生成图像时，会自动在提示词后面加上加上参数 --style raw。风格参数开启后就可以减少 Midjourney 默认的美感和细节。-- style raw 仅适用于 V5.1 和 V5.2 这两个版本。

V5.2 版本的设置如下图所示：

niji 模型版本的设置如下图所示：

2.6.7 --s 风格化参数详解

1 基本使用方法

--s 风格化参数可以生成具有艺术色彩、构图和形式感的图像。低风格化值生成的图像与提示更匹配，但艺术性较差；高风格化值生成的图像非常艺术，但与提示的联系较少。风格化参数的取值范围为

0 ~ 1000，默认为 100。

如下图所示，提示词是"a rabbit sitting playing guitar, in the forest, happy（一只兔子正坐着弹吉他，在森林里，开心）"，我们可以看出，随着风格化参数值越来越高，画面的精致度也越来越高，画面也增加了提示词不曾描述的很多细节。风格化参数值为 0 的时候，就是一只普通的兔子，没有过多的修饰；风格化参数值为 100 的时候，兔子开始有细节了，表情和装饰都有了；当参数值到达 500 以上时，有了更多细节，甚至给兔子穿上了衣服。

--s 0   --s 50   --s 100（默认）

--s 250   --s 500   --s 750

2 风格化参数的默认设置

风格化参数除了在提示词末尾加上 --s，我们还可以使用命令参数 /settings 去设置默认值。

stylize low 等于 --s 50、stylize med 等于 --s 100、stylize high 等于 --s 250、stylize very high 等于 --s 750。

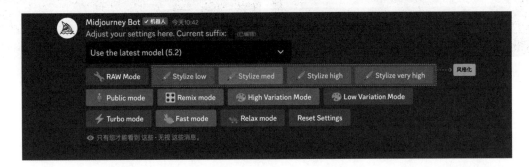

2.6.8　--w 怪异参数详解

　　--w 怪异参数可以探寻独特的美学，参数越高越怪异。此参数为生成的图像引入了古怪和另类的品质，从而产生独特和意想不到的结果。怪异化参数的取值范围为 0 ~ 3000，默认为 0。

　　下图的提示词是"clockwork cat（发条装置的猫）"，从下图可以看出，随着怪异参数值越来越高，画面也变得越来越奇怪。

--w 0　　　　　　　　　　　　　--w 250

--w 500　　　　　　　　　　　　--w 1000

2.6.9　--no 不要参数详解

　　--no 参数是指在生成结果中不要出现某个元素。

下图的提示词是 "still life gouache painting（静物水粉画）"，左图为正常生成的图像，图像中有大量的水果。右图是增加了参数 --no fruit 生成的图像，只有非常少量的水果了。

still life gouache painting

still life gouache painting --no fruit

下图的提示词是 "a bouquet of flowers（一束花）"，左图为正常生成的图像，可以看出花束色彩很丰富。右图是增加了参数 --no red 生成的图像，可以看出只有极少的红色。

a bouquet of flowers

a bouquet of flowers --no red

2.6.10　--tile 瓦片参数详解

--tile 参数可以创作出重复的、无缝衔接的图像，比如织物、壁纸和纹理。适用于模型版本 1、2、3、

test、testp、5、5.1 和 5.2。--tile 只生成一个图块，我们可以使用"无缝图案检查器"等图案制作工具来查看图片的重复情况。

如下图所示，左图是正常生成出来的图像。平铺左图就能得到右图无缝衔接的图案。

更多案例展示：

2.6.11 --seed 种子参数详解

--seed 种子数是为每个图像随机生成的，也可以使用 --seed 参数指定。使用相同的种子和提示将产生相似的图像，所以，为了保持画面的一致性，我们经常使用相同的 --seed 参数值和提示。

1 基本使用方法

步骤 01 生成自己满意的图像。

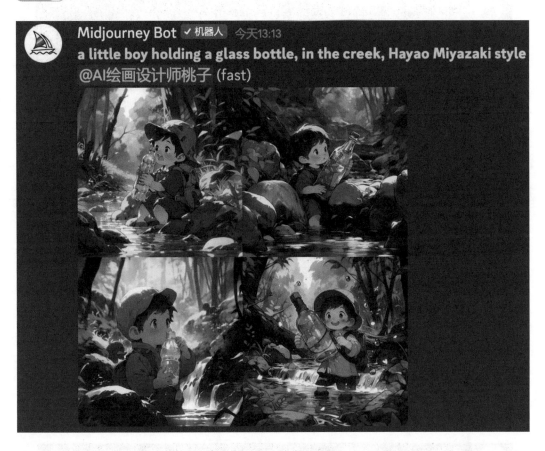

步骤 02 单击 envelope 表情符号，即可让 Midjourney Bot 把 --seed 参数值私信发给我们。

步骤 03 在私信中找到这张图像的 --seed 参数值。

步骤 04 使用命令 / imagine 生成新的场景，提示词尽量保持一致，并在提示词末尾添加 --seed 参数值。

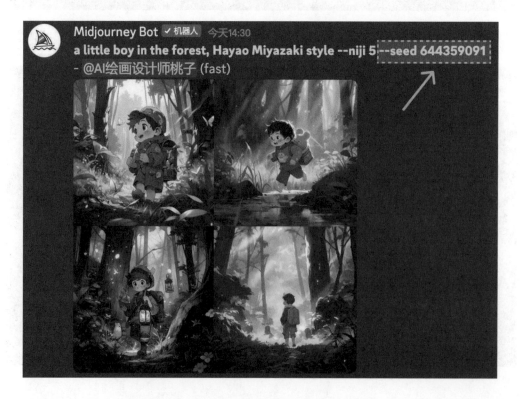

步骤 05 我们放大对比一下这两次生成的图像，还是可以从中看出，相似度非常高。

注意事项

1. --seed参数值接受 0 ~ 4294967295 的整数；
2. --seed参数值仅对初始生成的图像网格有效。

2.7 /
Midjourney的高级提示

我们已经在之前的章节中学习了 Midjourney 的命令和参数。现在，我们将进一步学习 Midjourney 的高级提示，其中包括图像提示和权重提示等内容。

2.7.1 图像提示

1 基本介绍

我们的高级提示组成部分包含图像 URL（图像链接）、文字及参数。前面我们已经讲了文字提示和参数，这节重点讲一下图像提示。图像作为提示的一部分，可以影响生成图像的构图、风格和颜色等。图像提示可以单独使用，也可以与提示词一起使用。

我们通常在两种情况下使用图像提示。

第一种：将不同风格的图像组合起来，以获得意想不到的结果（生成结果与 /blend 混合命令一样，具体使用方法请参考本书"2.5.4 blend 命令详解"）。

第二种：希望生成的图像能与图像提示的构图、风格等保持一致。本章节我们重点讲解第二种情况。

2 基本使用方法

步骤 01 将参考图像上传到 Discord，上传成功后，复制图像的链接。

步骤 02 将图像 URL 添加到提示中，并添加需要的提示词"A girl with sunglasses（一个戴墨镜的女孩）"。

步骤 03 生成图像。

我们对比一下图像提示和生成的图像，可以看出，生成图像的构图、风格和颜色都和图像提示非常像。

图像提示   --iw 1

注意事项

1. 图像提示位于提示的最前面；

2. 提示必须包含两张图像或一张图像和文本才能起作用；

3. 图像 URL 必须是在线图像的直接链接；

4. 我们的文件应以 .png、.gif、.webp、.jpg 或 .jpeg 结尾。

3   --iw 图像权重参数

--iw 图像权重参数可以用来调整提示中图像的重要性。值越高意味着图像提示对生成图像的影响越大。图像权重的参数取值范围为 0 ~ 2，默认为 1。

如下图所示，我们可以在提示词末尾加上 --iw 参数。

下图生成的图像，我们除了图像提示，还增加了提示词"A girl with sunglasses（一个戴墨镜的女孩）"，使用的是 niji 5 模型。当参数为 --iw 0 时，意味着生成的结果对图像提示的参考较小；当参数为 --iw 2 时，意味着生成的结果对图像提示的参考较大。从下图的对比中，我们也可以看到随着 --iw 参数值越来越高，生成的结果也越来越像图像提示了，包括人物色调、发型、背景墙等，也意味着提示词对生成结

果的影响越来越小；当参数为 --iw 2 时，甚至连提示词中的墨镜都没有了。

图像提示

--iw 2

--iw 1（默认值）

--iw 0

再看一个案例展示：

图像提示

--iw 2

--iw 1   --iw 0

2.7.2 权重提示 ::

双冒号 :: 是指权重提示符号，添加后可以单独解析提示的每个部分。例如，space ship 可以解析为"宇宙飞船"的图像。如果添加权重提示符号 space:: ship 后，可以将提示分为两部分，解析为"太空和船"。如下图所示：

space ship

space:: ship

例如，hot dog 可以解析为"热狗"的图像。hot:: dog 可以解析为"热和狗"。如下图所示：

hot dog

hot:: dog

1. 权重提示符号可以在双冒号后面加数值，值越高表示权重越高，默认值为1；

例如：space:: ship = space::1 ship = space:: ship::1 = space::2 ship::2 = space::100 ship::100

space::2 ship = space::4 ship::2 = space::100 ship::50

2. 权重提示符号:: 和––no 参数有部分相同之处。例如：fields ––no red = fields:: red::–.5.

2.7.3 remix合成模式

1 如何开启 remix 模式

使用 /settings 命令调出设置面板，单击 remix mode，变绿意味着 remix 模式已开启。

2 remix 的使用场景

remix 的使用场景包括生成图像的四格图和大图下方的按钮，如下图所示。

3 如何使用 remix

如下图所示，这是我们已经生成的四格图，我们可以利用 remix 模式修改或新增提示词，使其根据新的提示词再次生成。

步骤 01 单击四格图下方的 v4，即可调出编辑弹窗，在弹窗中增加提示词"wearing a hat（戴帽子）"。

步骤 02 单击提交后即可生成符合新的提示词的图像。

原图　　　　　　　　　　　　　　　　　　修改后的图像

4　如何使用 remix+vary(Region)

以下是我们生成的一张比较满意的图像，现在的需求是把图中的小路变成河流。

步骤 01 单击大图下方的 Vary(Region)，即可调出编辑弹窗。

步骤 02 在编辑弹窗中用矩形或套索工具圈出我们需要修改的部分，并修改提示词，先把 trail（小路）变成 stream(小溪），然后再单击右下方的生成按钮即可。

步骤 03 生成四格图像。

我们对比一下：

原图

修改成"小溪"后生成的图像

再看一个案例，我们在提示词中增加了"angry（生气）"。

单击Vary (Region)

在弹窗中，圈出要修改的部分

生成的新图像

2.7.4 排列提示 { }

排列提示允许我们使用单个提示批量生成多个图像。提示不一样的地方，我们要放在大括号 { } 中，并且用逗号隔开。

如右图所示，我们的提示词是：a bouquet of {roses, jasmine, lily} flower。可以解析为以下 3 个提示：a bouquet of roses flower（一束玫瑰花）、a bouquet of jasmine flower（一束茉莉花）、a bouquet of lily flower（一束百合花）。

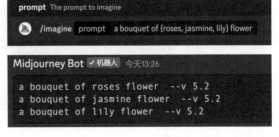

生成的图像如下图所示：

a bouquet of roses flower

a bouquet of jasmine flower

a bouquet of lily flower

2.8 /
小结

Midjourney 作为一款 AI 绘画工具，以其对画面构图、色彩和细节处理的完美表现，展现了非常高的艺术性。它提供了一系列命令和参数，使我们能够更好地控制画面，从而提高工作效率。尽管存在一些缺点，例如，无法在图像上添加文字、缺乏可控性等，但这款软件依然是一个强大的工具。无论是艺术家、设计师，还是其他需要绘画的专业人士，都能够通过掌握该软件的使用方法，轻松创作出令人惊叹的艺术品或设计作品，从而提高工作效率。

Midjourney 具有巨大的潜力，随着技术的不断发展和用户反馈的积累，开发团队正在不断完善软件的功能和用户体验。可以期待他们加入生成文字的功能，以及优化画面控制的命令和参数，使其更加直观灵活，以满足不同用户的需求。

本章我们已经学会了如何使用 Midjourney，从下一章开始，我们将正式进入 AI 绘画的商业应用环节，我们从图标、海报、Logo、IP 形象设计等方面去深入学习，让 AI 绘画帮助我们更高效地进行创作，提升设计作品的质量和效果。

总之，让我们期待在 Midjourney 未来的版本中看到更多功能和创新，为艺术工作者和设计师提供更强大的创作工具。

第 3 章

AI 绘画
在图标设计中的应用

从本章开始，我们将探讨如何将AI绘画应用于实际工作中，实现真正的落地。将AI绘画技术应用于工作中，我们可以提高工作效率和质量。让我们从最基础的图标开始学习吧。

3.1/
关于图标设计

图标的应用范围非常广泛，无论是哪个设计场景，图标都能够提升设计作品的美观性、可用性和可识别性，从而为设计工作增添更多的价值。而 AI 绘画在图标设计方面表现出色，在提高效率的同时为我们提供了更多创意。现在，让我们正式开始学习吧！

3.1.1 AI绘画在图标设计中的表现

AI 绘画在图标设计方面表现非常出色，特别是在绘制 3D 图标方面取得了长足的发展，能够模拟人类设计师的风格和技巧，可以生成逼真的图像和图标。它通过学习大量图标样本，已经能够创造多样性的图标了。自动化和智能化的特点也使其能够智能地生成符合用户需求的图标设计。我们也可以根据自己的需求进行定制，使得图标设计更符合特定的风格和品牌形象。当然，AI 绘画有它的不可控性，在做一些特定风格时，还不能很好地呈现。在统一性上，还需要设计师用专业软件进行调整，使得图标更加统一。

综上所述，AI 绘画在图标设计领域具有快速、多样性、自动化、可定制性，以及提高效率和准确性等优势，为设计师和用户提供了更多的选择和创作的可能性。

3.1.2 图标的应用场景

　　图标在设计中的应用非常广泛，可以用于各种类型的设计项目中。在网页设计中，图标可以用于导航菜单、按钮和标签等元素，以提升用户体验和可视化效果。在移动应用设计中，图标可以用于应用图标、菜单和工具栏等界面元素，让用户能够快速识别和导航。而在平面设计中，图标可以用于海报、名片、传单和包装等作品，增加视觉吸引力和信息传达效果。此外，图标还可以在用户界面设计、广告设计和视觉识别系统设计中发挥重要作用。

3.2/
如何快速生成13种不同风格的图标

在设计和绘制图标时，我们可以选择不同的艺术风格和设计元素，以满足不同的需求和目的。本节提供了 13 组不同风格的图标生成提示词，只要直接复制提示词，就可以生成相似风格的图标。如果需要更改主体图标，只需更改前面的图标主体物名称即可。以下是一些常见的图标风格示例。

3.2.1　3D卡通风格图标

3D 卡通风格图标的设计特点是立体感强、色彩鲜艳、形象夸张。它们通常使用立体的效果和明亮的颜色来增加视觉效果，给人一种生动活泼的感觉。3D 卡通风格非常适合美食、儿童和教育等行业，其鲜艳的色彩能够吸引孩子们的注意力和兴趣。总而言之，3D 卡通风格的特点使其适用于需要增加趣味性、吸引力和立体感的行业领域。

> **提示词**：a cake, 3D icon, cartoon, clay material, isometric, smooth, shiny, cute, dreamy, spotlight, white background, 3D rendering, HD, best detail, high resolution --niji 5
>
> **翻译**：蛋糕，3D图标，卡通，黏土材料，等距，光滑，有光泽，可爱，梦幻，聚光灯，白色背景，3D渲染，高清，最佳细节，高分辨率

我们直接复制上面的提示词即可生成风格统一的图标，在生成其他图标时，只需更改图标主体物名称即可。例如把 cake（蛋糕）替换成 ice cream（冰淇淋）。下图是按照上面的关键词生成的图标合集：

下面这一组图标也是 3D 卡通风格，使用了不同的提示词，色彩更柔和，造型更卡通。

提示词： <u>A lovely cartoon camera</u> icon design, isometric, paint material, glossiness, C4D, pink, octane render, 3D render, frosted glass, super details, pastel color, mockup, light blue and white background, fine luster, soft focus, blender, best quality, 8K --niji 5 --s 180

> **翻译：** 一个可爱的卡通相机图标设计，等距，油漆材料，光泽度，C4D，粉红色，辛烷值渲
> 染，3D渲染，磨砂玻璃，超级细节，粉彩，实物模型，浅蓝色和白色背景，精细光泽，软焦，blender
> （一款3D软件），最佳质量，8K

3.2.2　迪士尼3D风格

　　迪士尼 3D 风格的视觉特点是鲜明、生动、夸张和富有想象力。它采用了柔和清新的色彩和柔和的阴影，以及夸张的表情和形象设计。这种风格常常给人一种愉悦、欢乐和童话般的感觉，非常适合用于开发儿童游戏、家庭游戏，或具有童话故事情节的游戏。它可以为游戏增添趣味性和吸引力，让玩家沉浸在迪斯尼般的奇幻世界中。

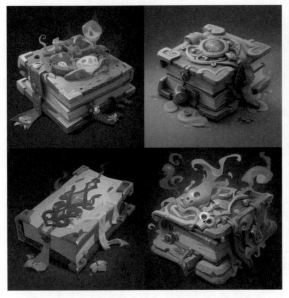

> **提示词：** Spellbook, Disney style, game prop icons, isometric view, octane render, a soft fresh color, C4D, studio
> lighting --niji 5 --style expressive
>
> **翻译：** 魔法书，迪士尼风格，游戏道具图标，等距视图，辛烷值渲染，柔和清新的颜色，C4D，工作
> 室照明

3.2.3　毛玻璃图标

　　毛玻璃图标是一种具有模糊透明效果的图标设计风格，通过模糊背景和简洁的线条、形状来营造出柔和、透明的视觉感受。适合于科技与创新公司、设计与创意行业、社交媒体与移动应用、医疗与健康领域、酒店与旅游行业等需要突出品牌形象和现代感的行业和场景。毛玻璃图标的独特视觉效果能够为品牌带

来时尚、精致和高雅的形象，增加品牌的吸引力和辨识度。

提示词：A 3D camera icon, blue gradient, frosted glass, transparent sense of science and technology, ultra-minimalist appearance, Bright color, Studio lighting, Blue and white background, Industrial design, A wealth of details, ultra high definition, Ray tracing, Isometric view, blender, C4D, octane render --s 250

翻译：一个3D的相机图标，蓝色渐变，磨砂玻璃，透明的科技感，超简约的外观，明亮的颜色，工作室照明，蓝白背景，工业设计，丰富的细节，超高清，光线追踪，等距视图，blender（一款3D软件），C4D，辛烷值渲染

　　我们也可以通过图像提示＋提示词的方式，增加对图标的可控性。也可以通过更改不同的颜色，让图标变得更丰富、更具有吸引力。

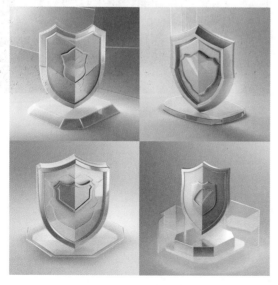

提示词：shield icon, isometric icon, blue and a hint of green translucent frosted glass white acrylic material, white background, transparent technology sense, in the style of data visualization, studio lighting, C4D, blender, octane render, high details, 8K

翻译：盾牌图标，等距图标，蓝色和一丝绿色半透明磨砂玻璃白色丙烯酸材料，白色背景，透明科技感，数据可视化风格，工作室照明，C4D，blender（一款3D软件），辛烷值渲染，高细节，8K

3.2.4 炫彩风格图标

炫彩风格的图标通常具有以下特点：首先，它们采用了鲜艳夺目的颜色，如亮蓝色、紫色等，以吸引用户的眼球。其次，炫彩图标常常使用立体、渐变等特效，增加了立体感和层次感，使图标更加生动有趣。此外，炫彩图标还常常采用流线型、抽象化的形状和线条，给人一种现代、科技感的视觉效果。而且，炫彩风格的图标常常具有动态效果，如闪烁、闪光、旋转等，使图标看起来更加生动活泼。总体而言，炫彩风格的图标追求独特、引人注目的外观，以吸引用户的注意力，并展现出一种时尚、前卫的感觉。我们在做直播间的界面设计时，通常会采用此风格的图标。

提示词：icon design, 3D, lollipop icon, dazzling light, sparkling feeling, gradient colors, psychedelic colors, bright colors, ultra-clear details --v 5

翻译：图标设计，3D，棒棒糖图标，耀眼的光线，闪闪发光的感觉，渐变色，迷幻色，明亮的颜色，超清晰的细节

如下图所示，我们使用同样的提示词，采用不同的模型版本，会生成不同的效果。

提示词：an icon design, 3D, crown icon, dazzling light, sparkling feeling, gradient colors, psychedelic colors, bright colors, ultra-clear details --niji 5

翻译：图标设计，3D，皇冠图标，耀眼的光线，闪闪发光的感觉，渐变色，迷幻色，明亮的颜色，超清晰的细节

3.2.5 科幻风格图标

科幻风格图标是一种富有未来感和科技感的图标设计风格。它常常使用流线型、几何形状和光线效果等元素来表达科技、创新和未来主题。科幻风格图标的特点包括先进的外观、独特的形状、光线效果和强烈的对比度。这种风格的图标常常在科技、游戏、电影等领域中使用，特别是与科幻、虚拟现实、人工智能等相关的项目。科幻风格图标能够为设计作品带来未来感和高科技氛围，突出创新性和先进性，从而吸引用户的注意力，并增强视觉冲击力。无论是在移动应用程序、网站设计，还是在平面设计等场景中，科幻风格图标都能够为作品注入独特的科技元素，使其与众不同，并产生强烈的视觉效果。

> **提示词：** a set of science fiction mobile game hero skill icons, Star Wars style, futuristic, high detail
>
> **翻译：** 一套科幻手游英雄技能图标，星球大战风格，未来主义，高细节

3.2.6　魔幻写实风格图标

魔幻写实风格图标是一种具有奇幻、神秘和写实感的图标设计风格。它通常使用细腻的绘画技巧和独特的艺术风格，以创造出具有魔幻或神话故事元素的图标形象。魔幻写实风格图标的特点包括丰富的细节、生动的色彩、强烈的光影效果和独特的造型。这种风格的图标常常在游戏、文学、娱乐等领域中使用，特别适合与魔法、奇幻、冒险等相关的项目。魔幻写实风格图标能够为设计作品带来神秘、吸引人的氛围，激发用户的好奇心和想象力。无论是在游戏应用程序、电子书封面设计，还是在奇幻小说插图等场景中，魔幻写实风格图标都能够为作品增添独特的魔力和故事性，吸引用户的注意力，并营造出奇幻的氛围。

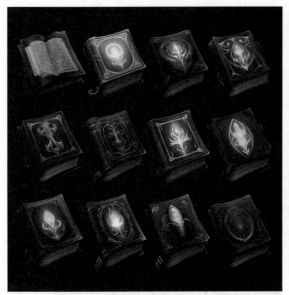 

> **提示词：** Spellbook, realistic magic style, game prop icons, strong texture, isometric view, black background, Studio lighting
>
> **翻译：** 魔法书，逼真的魔法风格，游戏道具图标，强烈的纹理，等距视图，黑色背景，工作室照明

3.2.7　线性风格图标

线性风格图标是一种简洁、直观且现代感强的图标设计风格。它使用简单的线条和几何形状来表达对象或概念，去除了繁杂的细节，使图标更加简洁明了。线性风格图标在移动应用程序、网站设计、平面设计和品牌标识等场景中广泛应用。它们能够在有限的屏幕空间内清晰地表达功能和操作，为设计作

品带来现代感和简洁感,并且易于识别和理解。因此,线性风格图标是一种适应性强、能够满足现代设计需求的图标风格。

> **提示词:** light bulb, line icon --style raw
>
> **翻译:** 灯泡,线性图标

我们直接复制上面的提示词,更改图标主体物名称,即可生成风格相同的其他图标。下图是生成的图标合集:

除了单个图标的生成，我们还可以成套生成，比如下面这个案例：

> **提示词：** A set of icon designs for dessert shops, simple line-drawing style, minimalist
>
> **翻译：** 一套甜品店的图标设计，简单的线条画风格，极简主义

我们还可以通过关键词去定义图标的颜色，比如下面这个案例：

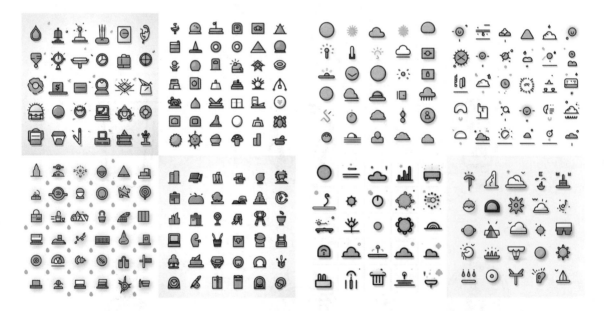

> **提示词：** Outline icon set of education, blackline, with blue and green highlight, minimal, white background, UI, UX design, App, clean fresh design, flat design, interest, hyper detail

翻译：教育类的轮廓线图标集，黑线，蓝色和绿色高亮，最小，白色背景，UI，UX设计，应用程序，清新设计，平面设计，趣味，超细节

3.2.8　扁平化风格图标

扁平化风格图标是一种简洁、直接和现代感十足的图标设计风格。它的特点是使用简化的几何形状、平面化的颜色和清晰的轮廓，去除了阴影和纹理等过多的装饰效果，强调简洁和直接的视觉传达。扁平化风格图标常常在移动应用程序、网页设计和品牌标识中使用，特别适合与现代科技、数字化和信息传递相关的项目。扁平化风格图标能够为设计作品带来清晰、简洁的外观，减少视觉上的混乱和干扰，使用户能够更加直观地理解和使用。无论是在移动应用程序的导航栏、网页设计的按钮图标，还是在品牌标识中，扁平化风格图标都能够为作品注入现代感和简洁性，使其看起来更加清晰、直观和易于识别。

提示词：A set of icon designs for dessert shops, flat style, minimalist and vector style, Color block, pastel color --no lines

翻译：一套甜品店的图标设计，扁平风格，极简主义和矢量风格，色块，柔和的颜色 --不要线条

我们在写提示词的时候一定要多多尝试，比如上面这个案例，当只加入"扁平风格"提示词时，生成的图标总是线性图标，这时候我们就可以利用 --no 参数去掉线条，再增加"色块"去强调我们的生成结果。

3.2.9 软萌Q弹风格图标

软萌 Q 弹风格图标是一种可爱、卡通化且富有亲和力的图标设计风格。它常常使用圆润的形状，表达出可爱、活泼的形象。软萌 Q 弹风格图标的特点包括圆滑的线条、圆润的身体和可爱的表情。这种风格的图标常常在儿童教育、社交媒体、通信应用等领域中使用，特别适合与儿童、动物、社交等主题相关的项目。软萌 Q 弹风格图标能够为设计作品带来可爱、活泼的氛围，让用户产生亲近感和温暖感。无论是在儿童游戏应用程序，还是表情包设计中，软萌 Q 弹风格图标都能够吸引用户的关注并增加互动性，为作品带来温馨的氛围和愉悦的体验。

提示词：transparent rabbit 3D rendering, gradient translucent glass melt, cute, orange gradient, isometric view --niji 5

翻译：透明兔子3D渲染，渐变半透明玻璃熔体，可爱，橙色渐变，等距视图

3.2.10 拟物风格图标

拟物风格图标是一种仿真、真实感强烈的图标设计风格。它常常使用细致的绘画技巧和阴影效果，以及逼真的材质和质感，呈现出与真实物体相似的外观和触感。这种风格的图标常常在产品设计、应用程序界面和游戏设计中使用，特别适合与物品、工具、设备等实际物体相关的项目。拟物风格图标能够为设计作品带来真实、具体的感觉，增加用户的亲近感和信任感。无论是在产品界面的按钮、应用程序的图标，还是在游戏设计的道具中，拟物风格图标都能够营造出真实世界的氛围和触感，提供更加直观、具体的用户体验。

提示词: the compass App is shown on a dark background, in the style of bronze and beige, chrome-plated, small brushstrokes, applecore, strong diagonals, gigantic scale, plan view

翻译: 指南针应用程序显示在深色背景上,青铜和米色风格、镀铬、小笔触、苹果核、强对角线、巨大的比例、平视图

　　我们可以根据实际情况去更改上面提示词有下划线的部分,包括图标主体名、颜色、视角。不同的物体可能会适合不同的颜色和视角。

3.2.11　中国风图标

　　中国风图标具有浓厚的中国文化特色和独特的艺术风格。其特点包括使用传统的中国元素和符号,如龙、凤、云纹、莲花等,以及传统中国色彩和纹饰,如红、金、水墨等。中国风图标常常在中国文化、旅游、艺术、餐饮等领域中使用,尤其适合与中国传统文化相关的项目。中国风图标能够为设计作品带来浓厚的中国风情和独特的视觉效果,传达出中国传统文化的深厚底蕴和独特魅力。

提示词: Gift box icon design, Chinese classical style, Tang Dynasty style

翻译: 礼盒图标设计，中国古典风格，唐朝风格

3.2.12 水彩风格图标

水彩风格图标是一种以水彩绘画效果为特点的图标设计。它常使用水彩颜料或数字工具进行绘制，具有柔和的色彩渐变和独特的纹理效果，艺术感强。这种风格的图标常常在艺术、设计、文化创意等领域中使用，特别适合与艺术、手工制品、自然环境等相关的场景。水彩风格图标能够为设计作品带来温暖、柔和的感觉，增加视觉的层次和艺术的氛围。无论是在艺术品品牌的标识、手工制品的包装设计，还是文化创意项目中，水彩风格图标都能够为作品注入独特的艺术氛围和视觉吸引力，使其与众不同。

提示词: gift box icon design, watercolor Style

翻译: 礼品盒图标设计，水彩风格

3.2.13　矢量插画风格图标

矢量插画风格图标是一种以简洁、平面化的手绘风格为特点的图标设计。它常使用矢量图形软件绘制，具有清晰的线条和鲜明的色彩，以及简化的形状和图案。这种风格的图标常常在品牌标识、移动应用程序、网页设计等领域中使用，特别适合需要在小尺寸上清晰显示的场景。矢量插画风格图标能够为设计作品带来活泼、可爱的感觉，增加用户的亲近感和友好度。无论是在移动应用程序的图标、网页设计的按钮，还是品牌标识中，矢量插画风格图标都能够提供清晰、简洁、易识别的视觉效果，提升用户体验和品牌形象。

提示词：gift box icon design, Vector Illustration Style Icon

翻译：礼盒图标设计，矢量插图风格图标

这组提示词十分简洁，由于生成的图像相对不可控，我们需要进行反复试验，尝试添加其他提示词和参数，使生成的图标更符合我们的要求。

3.2.14　小结

由于 Midjourney 的随机性，以上提示词生成的图像可能无法完全满足我们的要求。因此，我们需要结合提示图像、参数、命令等，综合运用所学知识，并根据实际情况对提示词进行调整。

除了以上提到的常见图标风格，实际上还存在许多其他风格和变体。设计师可以根据需求和创意选择适合的风格来设计图标。多样化的图标风格能够丰富视觉体验，满足不同用户的喜好和需求。因此，在设计图标时，我们应该充分发挥创意，运用多样的风格，以创造出令人满意的视觉效果。

3.3 /
图标生成的进阶方法

在图标设计中,除了直接使用提示词生成图标,我们还可以采用进阶的方法——使用提示图像。这种方法能够帮助我们在找到合适的参考素材后,通过提示图像和提示词的结合,创造出一系列风格统一的图标。

通过使用提示图像,我们可以更直观地表达图标的质感、线条和细节。再结合提示词,我们可以使图标准确地传达设计的意图,并确保整个图标系列保持一致的风格。

这种进阶方法在图标设计中非常有用,特别适用于成套的图标设计。通过选择适合的提示图像,并结合提示词进行创作,我们可以打造出风格统一且具有个性化特点的图标系列。

3.3.1 确定图标风格

我们要确定好第一个图标的风格和色调,后续的所有图标都将以它的风格为参考进行生成。我们可以直接用提示词生成，也可以找素材来确定我们的图标风格。下面通过一个案例来更好地理解这个进阶方法。

如下图所示，这是我在网上找的参考素材，觉得还不错，我想做一套此类风格的图标。

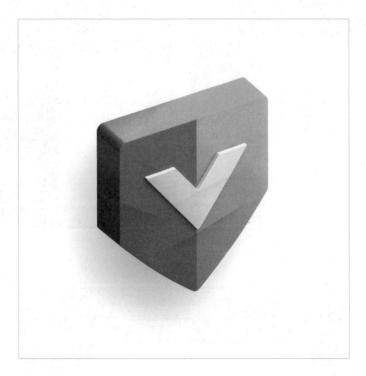

步骤 01 如下图所示，我们使用 /describe 命令上传参考图，Midjourney Bot 即可自动生成 4 条提示词供我们使用。

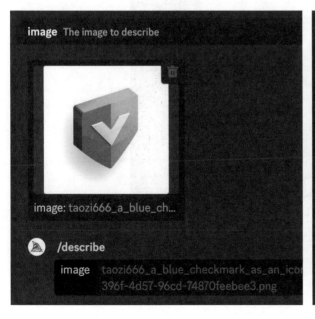

步骤 02 用 Midjourney Bot 提供的提示词，使用 /imagine 命令生成图像，多刷新几次，直到出现满意的图标为止。

步骤 03 放大我们满意的图像，第一个图标已完成，这个图标将作为我们其他图标的参考标准。

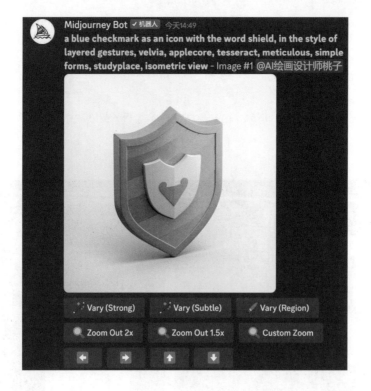

3.3.2 生成其他图标

我们已经确定好第一个图标的风格和色调了，后续所有图标都将以它的风格为参考进行生成。接下来我们开始生成第二个图标 clock（时钟）。

步骤 01 如下左图，复制第一个确定图标的链接和提示词。

步骤 02 使用 /imagine 命令，粘贴我们刚刚复制的提示图像链接和提示词，需要注意的是，需要把描述图标名称的提示词修改成我们需要的提示词 clock（时钟）。

步骤 03 生成图标，多尝试几次，直到出现满意的图标为止。

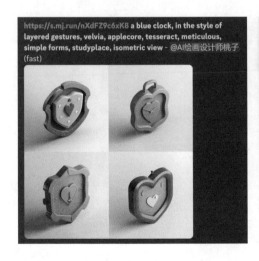 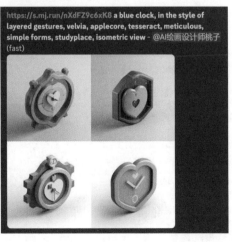

按照上面的步骤生成更多的图标。

3.3.3 细节优化

上一步我们已经生成了所有的图标，这些图标可能在细节上存在差异，因此我们需要将它们导入专业的设计软件进行调整，我们可以进行视角、光源、色调等方面的调整，使所有的图标在整体上更加协调。

举个例子，如下图所示，我们需要统一物体的垂直线和透视，使它们看起来更加整齐和一致。

参考标准　　　　　　AI直接生成的图像　　　　用设计工具修改后的图标

再举个例子，如下图所示，我们需要统一光源的方向，确保它们都是从同一个角度照射过来的，另外，色调也需要统一调整。

3.3.4 自我检测

从创建 AI 画图标的结果来看，图标风格在整体上基本一致了。为了确保图标的统一性，我们仍然需要进行自我检测。在自我检测过程中，我们可以关注以下几个方面：

● 视觉一致性：检查图标的形状、比例和线条是否协调。确保它们在整体中没有明显的不和谐或突出。

● 颜色协调：检查图标的色调、饱和度和明暗度是否相互匹配，以确保整体效果的和谐。

● 细节平衡：注意细节的数量和复杂性。确保图标之间的细节水平相似，避免某些图标过于烦琐或过于简单，从而破坏整体平衡。

● 整体平衡：检查图标的布局和排列是否符合整体平衡的原则。先确保它们在空间上的分布均衡，没有过于集中或分散的情况。再确认图标的视觉权重是否合适，在同一组图标中不要有大有小，在视觉上要大小一致。

通过进行自我检测，我们可以发现并纠正任何不平衡或不协调的地方，以确保整套图标的整体平衡。这将有助于提升图标的品质和一致性，使其更加专业。

1 整体平衡

我们可以使用图标 Keyline 线，确保一套图标保持整体平衡。这样的平衡能够提升图标的视觉吸引力，使其在使用和呈现中更加协调和一致。

我们以 48px 图标为例，根据 Keyline 线的画法得出了以下结论，圆形图标尺寸为 40×40px，方形图标尺寸为 36×36px，其他形状详见下图。

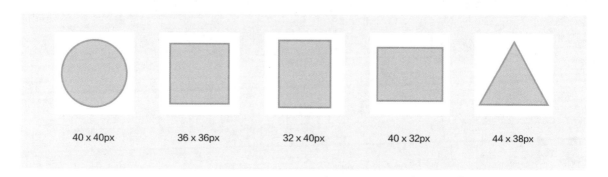

40 x 40px　　　　36 x 36px　　　　32 x 40px　　　　40 x 32px　　　　44 x 38px

2 比例协调

3.3.5　效果展示

使用上述方法完成其他图标的设计。

3.4 /
落地实战：直播间界面设计

在之前的学习中，我们已经掌握了不同图标风格的提示词、图标的进阶方法，以及图标的自我检测。现在是时候将学到的知识应用到实际项目中了，让我们以直播间界面为例，进行实际操作。

3.4.1　需求分析

需求：给"某软件"做直播间界面设计。

直播间的受众群体非常多样，涵盖了各个年龄段、不同兴趣爱好的人群，包括游戏爱好者、网络文化追随者、娱乐追随者、教育学习者和时事追随者等。但一般来说，年龄在 15 岁到 35 岁之间的年轻人是直播的主要受众群体。这个年龄段的观众通常对网络娱乐和游戏比较感兴趣，也更加熟悉和习惯使用直播平台。然而，随着直播的普及和多样化内容的增加，其他年龄段的人群也逐渐成为直播的观众，包括年长一些的观众，以及对特定领域的教育、知识、时事等感兴趣的观众。因此，直播的主流人群年龄范围可以说是相对宽泛的，但以年轻人为主要群体。

● 目标受众：通常是年轻一代，他们对新奇、创意和个性化的品牌有较浓厚的兴趣。

● 设计目标：为观众提供丰富的互动功能，如实时弹幕、点赞、送礼物等，以增加观众的参与感和黏性，促进互动交流。

● 功能需求：主要功能是送礼、关注、互动交流。

3.4.2　构思草图

根据需求分析，我们将开始设计交互稿，旨在规划直播间界面的整体布局。在这一步中，我们将参考一些素材图，以确保设计的合理性和用户友好性。重点关注以下几个方面：首先，确定界面布局，包括视频区、聊天窗口、互动功能按钮等，以确保功能的便捷使用。其次，设计导航和标识，使观众能够轻松找到所需功能和信息。最后，考虑如何设计互动元素，如按钮、弹幕样式、礼物效果等，以增强观众的参与感和娱乐性，效果如右图所示。

3.4.3　撰写提示词

根据用户分析结果，我们决定采用深色调和酷炫的风格来设计直播间。在这一步中，我们可以参考本章第 2 节"如何快速生成 13 种不同风格的图标"中的提示词，以帮助我们撰写符合要求的提示词。通过选取合适的提示词，我们可以更好地表达直播间的特点和风格，以及吸引目标观众的注意力。这些提示词可以作为设计的灵感和指导，帮助我们在设计过程中保持一致性和创意性。

● 主题描述：爱心，棒棒糖，墨镜，蛋糕等图标名称。

● 风格描述：3D。

● 画质描述：耀眼的光线，闪闪发光的感觉，渐变色，迷幻色，明亮的颜色，超清晰的细节。

● 提示词：icon design, 3D, lollipop icon, dazzling light, sparkling feeling, gradient colors, psychedelic colors, bright colors, ultra clear details。（图标设计，3D，棒棒糖图标，耀眼的光线，闪闪发光的感觉，渐变色，迷幻色，明亮的颜色，超清的细节。）

3.4.4　用Midjourney生成图标

我们将使用 Midjourney 生成所有的图标，并将生成的图标导入专业的设计软件中进行进一步调整，使所有的图标在整体上更加协调和统一。具体方法可以参考本书"3.3 图标生成的进阶方法"。

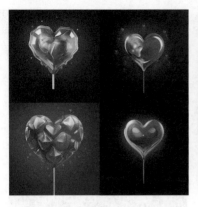

3.4.5 项目应用效果

　　将图标融入界面后，我们可以观察到整体效果还不错。图标的设计与界面的整体风格和布局相协调，形成了统一的视觉语言。

3.5/
小结

　　AI 绘画工具在图标设计领域具有极大的潜力。它能够快速生成图标设计，减少了手动绘制的时间和精力。设计师可以通过 AI 绘画工具迅速尝试不同的图标外观和风格，以得到最合适的图标设计。在设计一整套图标时，AI 绘画工具也能确保图标之间的一致性，提升整体视觉效果。

然而，使用 AI 绘画工具设计图标，需要设计师在创意和技术之间取得平衡。设计师需要充分发挥 AI 绘画工具的优势，同时运用自己的专业知识和判断力，以确保生成的图标符合设计要求，并为产品增添独特而引人注目的视觉元素。

展望未来，我相信 AI 绘画工具将在图标设计领域发挥更为重要的作用。通过与设计师的紧密合作，AI 将成为一个强大的辅助工具。同时，AI 的应用也将拓宽设计的可能性，为图标带来更多个性化和令人惊喜的元素。综上所述，AI 绘画工具将为图标设计带来更多的便利和创新。

更多 AI 生成图标欣赏：

第 4 章

AI 绘画
在 Logo 设计中的应用

在当今数字化时代， AI绘画的快速发展正在给各个行业带来革命性的变化， Logo设计作为品牌形象的重要组成部分，同样也受益于人工智能的应用。在本章中，我们将探讨如何把AI绘画技术应用于Logo设计中。

4.1/
关于Logo设计

Logo 是一个品牌的重要标识，它必须能够传达品牌的价值和个性。AI 绘画技术可以为我们在 Logo 设计过程中提供更多的创意和设计选择。

4.1.1 Logo设计的流程

通过融合人工智能技术，设计师们可以在 Logo 设计流程中实现更高效、更具创意的成果。本文将探讨如何利用人工智能技术来优化 Logo 设计的流程。

从品牌研究和市场调研开始，我们可以利用人工智能技术进行分析，为设计提供更准确的洞察和指导。接下来，我们将探讨如何利用人工智能生成工具，快速生成多个 Logo 设计的变体和风格，从而拓宽设计的可能性。此外，我们还将介绍如何使用人工智能辅助工具进行图像处理和调整，以提升 Logo 设计的效果和质量。

如下图所示，Logo 设计的流程通常包括 8 个主要步骤，以及一个额外的扩展应用。除了需求沟通、字体设计、完善设计外，我们可以借助 AI 在其他的步骤中更高效地完成 Logo 的制作。AI 可以帮助我们将草图设计、电脑绘制和色调融合在一起，从而实现更好、更高效的设计结果。

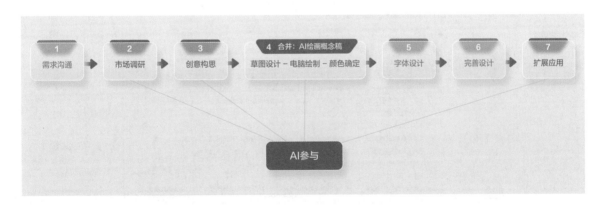

1 需求沟通

在与客户沟通 Logo 设计需求时，我们需要了解以下几个方面：品牌信息，包括品牌名称、行业和核心价值；喜欢的风格和元素，如现代、传统和特定符号；目标受众和竞争对手，以便突出品牌独特性；用途和平台，确定适应不同媒体的设计；时间和预算，确保设计按时完成，且在预算范围内。通过充分沟通，我们才能确定品牌的定位和传达方式。

2 市场调研

在进行市场调研时，我们可以采用多种方法来了解目标市场和受众的需求。首先，进行目标市场分析，确定我们的行业和目标人群，并了解该市场的规模、竞争情况和趋势。其次，进行竞争对手分析，研究目标市场中竞争对手的 Logo 设计风格和特点，以及他们的品牌形象和定位。接着，通过调研问卷、访谈，或重点小组讨论等方式，与目标受众直接交流，了解他们对 Logo 设计的喜好、期望和需求。最后，通过社交媒体分析，观察目标市场中用户对不同品牌 Logo 的互动和反馈。综合以上调研结果，我们可以获得关于目标市场和受众对 Logo 设计的深入洞察，为设计过程提供准确的定位和创意方向。

如下图所示，我们通过与 ChatGPT 进行对话，来获得我们想要的答案。

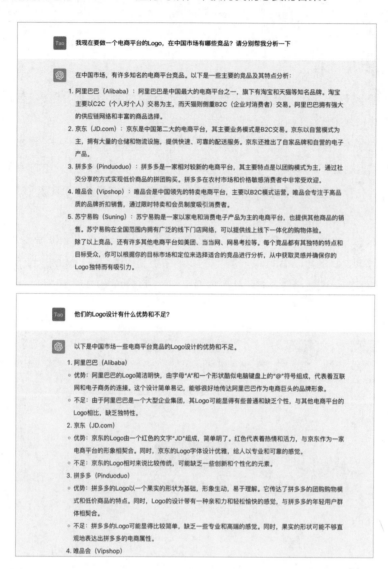

3 创意构思

运用创意思维和头脑风暴的技巧，产生大量的创意灵感。可以通过画草图、写下关键词、使用思维导图等方式，激发创意和构思。尝试不同的创意和概念，以展示品牌特色和独特性。

如下图所示，我们通过与 ChatGPT 进行对话，让它帮我们收集创意，甚至可以通过 AI 绘画立刻把创意展现出来。

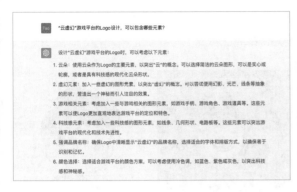

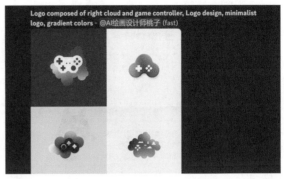

4 AI 绘画草图

为了将创意转化为初步的设计草图，我们可以选择手绘或使用设计软件进行设计。此外，我们还可以探索使用 AI 绘画的方法，将我们的创意转化为概念图。这也是本章研究的重点方向——如何将我们的创意灵感转化为提示词，利用 AI 生成 Logo 设计的概念图。

5 字体设计

字体应该与品牌的个性和价值观相匹配，并且能够在不同的媒体和平台上保持清晰可辨。由于受限于目前 AI 技术的水平，AI 在字体设计方面仍然有待进一步发展。因此，字体设计仍然需要设计师的专业知识和技能来手动完成。

6 完善设计

将初步设计的草图转化为高质量的数字设计，使用专业的设计软件进行调整和优化，并将设计展示给目标受众和团队，根据反馈和建议进行修改和改进，确保设计符合品牌形象和需求。

7 扩展应用

Logo 的扩展应用，根据不同行业可以有不同的方向。举例来说，Logo 可以用于印刷媒体，如名片、信头、海报、宣传册等。Logo 也可以用于数字媒体，包括官网、社交媒体和移动应用等。此外，Logo 也可以用于商店、办公室、展览和其他实体空间的标识。通过在这些地方展示 Logo，可以提升品牌的可见度和识别度。总之，Logo 的扩展应用非常广泛，根据不同行业和需求，它可以在各种媒体和场景中发挥重要的品牌识别和传达作用。

4.1.2　AI绘画在Logo设计中的表现

现阶段，AI 通过学习大量的 Logo 设计案例和图像数据，从中提取并学习出一些设计原则和风格。它可以根据用户提供的要求和指导，生成多个不同的 Logo 设计方案，并根据反馈进行优化和调整，为设计师提供更多的灵感。AI 在设计 Logo 方面有一定的能力和应用，但目前还存在一些限制和挑战。

由于 Logo 设计涉及品牌传达、情感表达和创意思维等复杂因素，AI 很难完全替代设计师的创造力和直觉。AI 生成的设计可能缺乏独特性和个性化，难以满足特定品牌的需求。另外，AI 在理解和应用特定文化、行业和市场背景方面也存在挑战。因此，目前 AI 在设计 Logo 方面主要是辅助工具，可以提供创意和灵感，但最终的设计还需要设计师的审美和专业知识来完成。

4.1.3　探索AI绘画设计Logo

在 Logo 设计方面，Midjourney 对提示词的理解表现还是很不错的。接下来，我们一起来探索 AI 是如何生成 Logo 的。

我们使用最简单的提示词：fox, Logo design（狐狸，标志设计），下图是该提示词生成的图像，提示词写得越简单，给 Midjourney 的发挥空间就越大。这时候生成的图像有复杂、有简约，有正面、有侧面，有线条、有色块，背景色有深有浅。任何没有定义的部分，Midjourney 会根据它特有的美学随机生成。

提示词：fox, Logo design
翻译：狐狸，标志设计

提示词：cat, Logo design
翻译：猫，标志设计

我们给提示词增加一些描述，比如视角：front view（前视图）；表现形式：color block（色块）或者 flat vector（平面矢量）；背景颜色：white background（白色背景）或者 black background

（黑色背景）。在没有定义 Logo 颜色的时候，Midjourney 会自动默认为狐狸原本的颜色。从下图可以看出，生成的 Logo 基本是按照我们的提示词生成。

提示词： fox, front view, Logo design, color block, white background

翻译： 狐狸，前视图，标志设计，色块，白色背景

提示词： fox, front view, Logo design, color block, black background

翻译： 狐狸，前视图，标志设计，色块，黑色背景

表现形式除了用 flat vector（平面矢量），我们还可以使用 lines（线条）。从下图生成的图像来看，色块已经变成了线条，但是线条似乎还不是特别明显。

提示词: fox, front view, Logo design, minimalist, line, soft, black background	提示词: fox, front view, Logo design, minimalist, line, soft, white background
翻译: 狐狸，前视图，标志设计，极简主义，线条，柔和，黑色背景	翻译: 狐狸，前视图，标志设计，极简主义，线条，柔和，白色背景

我们可以在提示词中增加更多关于线条的提示词，能够起到强调的作用。也可以增加 --no 参数去掉色块，生成的图像会更加偏重线条的形式。

提示词: fox, front view, Logo design, minimalist, line, simple line-drawing style, black background	提示词: fox, front view, Logo design, minimalist, line, simple line-drawing style, white background, outline Logo, black line --no color block
翻译: 狐狸，前视图，标志设计，极简主义，线条，简单的线条绘制风格，黑色背景	翻译: 狐狸，前视图，标志设计，极简主义，线条，简单的线条绘制风格，白色背景，轮廓标志，黑线

我们还可以定义 Logo 的颜色。

提示词：green fox, side view, Logo design, minimalist, line, soft, black background

翻译：绿狐狸，侧视图，标志设计，极简主义，线条，柔和，黑色背景

提示词：red fox, side view, Logo design, minimalist, color block, black background

翻译：赤狐，侧视图，标志设计，极简主义，色块，黑色背景

除了上述提到的动物头像，AI 在 Logo 设计方面还可以应用多种不同的方法和风格。

首先，字母 Logo 是一种常见的设计方式，通过将品牌名称的首字母转化为艺术化的字母形式，来表达品牌的身份和特点。但是 AI 只能生成单个字母的 Logo，当有更多文字时，AI 无法准确生成正确的文字内容。

其次，抽象 Logo 是一种将品牌特点和形象通过抽象化的方式表达的方法。AI 可以通过学习大量的视觉元素和形状，生成各种抽象的 Logo 设计，并根据需求进行调整和优化。

此外，还可以将多个元素结合起来，创造出更复杂和富有层次感的 Logo 设计。AI 可以学习和理解不同元素之间的关系和配合方式，生成多种元素结合的 Logo 设计方案。

在下一章中，我们可以进一步探索每个方向的 Logo 生成。通过 AI 的辅助，可以生成更多 Logo，以满足不同品牌的需求和风格。但同时也要注意，AI 设计的 Logo 可能缺乏独特性和个性化，需要设计师的专业知识来进行修改和优化。

4.2/
如何快速生成6种不同类型的Logo

我们常见的 Logo 可以分为三大类：字母 Logo、图形 Logo 和文字 Logo。在本章中，由于

Midjourney 无法准确生成文字，所以我们只会讨论如何快速生成字母 Logo 和图像 Logo。在本小节中，我将提供 6 种不同类型的 Logo 生成提示词，通过结合我最后给出的提示词公式，就能快速生成我们想要的 Logo 了。以下是常见的 Logo 风格示例。

4.2.1 字母Logo

字母 Logo 具有简洁、易识别、易记忆的特点，适用于各种不同的应用场景。字母 Logo 可以突出品牌名称的首字母或者特定的字母组合，通过精心设计的字体、排版和配色，表达出品牌的个性和价值观。由于字母 Logo 的简洁性和可变性，它们也适用于各种不同的媒体和尺寸，无论是在印刷品上，还是在数字平台上，都能够保持清晰度和可识别性。字母 Logo 的设计需要注重创意与独特性，以确保品牌的独特性和辨识度。

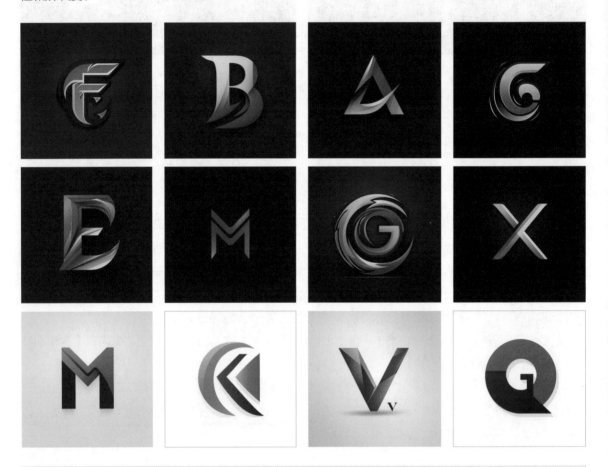

提示词：letter A Logo, Logo design, flat vector, minimalist --s 200
翻译：字母A标志，标志设计，平面矢量，极简主义

我们可以根据需要更改提示词中的字母，并直接使用。另外，我们也可以根据设计需求添加一些元素，以及调整参数来进行定制。如果想要获得更加多变的 Logo，可以在提示词末尾增加 --s 风格化参数。

4.2.2 吉祥物Logo

吉祥物 Logo 通常是一个拥有独特形象和特征的角色，它们可以是动物、人物、植物，或者其他创意形象。吉祥物 Logo 通过可爱的外观和生动的表情，能够轻松吸引观众的注意力，并给人以友好、亲切的感觉。吉祥物 Logo 常常用于体育赛事、游乐园、儿童品牌、文化活动等场合，它们可以成为品牌的代表形象，与目标受众建立情感联系。通过吉祥物 Logo 的运用，品牌能够更好地传递快乐、活力和亲近的形象，吸引和留住消费者的关注。

1 色块 Logo

提示词：red fox, side view, Logo design, minimalist, color block, black background
翻译：赤狐，侧视图，标志设计，极简主义，色块，黑色背景

2 线条 Logo

提示词：fox, front view, Logo design, minimalist, line, soft, white background

翻译：狐狸，前视图，标志设计，极简主义，线条，柔和，白色背景

3 手绘 Logo

提示词：a coffee shop handwriting style Logo, there's a little bird, Simplicity

翻译：一个咖啡店手写风格的标志，有一只小鸟，简单

　　除了上述提示词，我们还可以尝试添加一些表情和形容词，例如 smile、cute、lovely 等，以增加 Logo 的情感表达和吸引力。另外，还需要注意的是，AI 对于文字的解析可能存在准确性方面的不足，因此，如果生成的图像中包含文字，我们需要重新调整和优化，以确保文字的准确性。

4.2.3　具象图形Logo

　　具象图形 Logo 是一种使用具体的、可辨识的图形来代表品牌的标识。这种类型的 Logo 具有直观和易于理解的特点，通过使用真实或半抽象的图形元素，能够快速传达品牌的特点、行业或产品的特性，增强了品牌的辨识度。具象图形 Logo 适用于各种行业和品牌，尤其适合那些希望通过具体形象来传达品牌理念和目标的公司。不论是餐饮业使用的食物图形，旅游业使用的地标或自然景观图形，还是体育品牌使用的相关运动器材的图形，具象图形 Logo 都能够准确传达品牌的主营业务和产品。

1 单个图形

提示词：Cloud, Logo design, minimalist Logo, dazzling light, sparkling feeling, gradient colors, psychedelic colors, bright colors

翻译：云，标志设计，极简主义标志，耀眼的光线，闪闪发光的感觉，渐变色，迷幻色，明亮的颜色

2 多个图形结合

除了使用单个图形作为 Logo，我们还可以将多个图形巧妙地结合在一起，形成一个独特的形状，以表达公司名称、行业或产品等相关元素。举个例子，下图展示了一个名为"云游戏"的平台。该 Logo 采用了云和游戏手柄的组合形式，以呈现出与平台名称相关的图形元素。这种创意的组合能够在视觉上引起人们的兴趣，并且更容易让观众联想到与云游戏相关的概念。通过设计出独特的 Logo 形式，更能增强品牌形象的辨识度和记忆度。

> **提示词：** Logo composed of cloud and game controller, Logo design, minimalist logo, gradient colors
> **翻译：** 由云朵和游戏手柄组成的标志，标志设计，极简主义标志，渐变色

在设计具象图形 Logo 时，我们需要首先确定主体物的名称，然后选择与 Logo 风格相关的形容词。接下来，通过不断尝试不同的提示词来生成 Logo 图像，直到达到我们所期望的效果。最后，设计师再根据自己的审美和专业知识来优化 Logo，确保其视觉效果、比例和配色等方面的完美呈现。

4.2.4　抽象图形Logo

抽象图形 Logo 是一种使用抽象的图形元素来代表品牌的标识。这种类型的 Logo 具有以下特点：首先，抽象图形 Logo 具有灵活性和开放性，因为它们不受现实世界的限制，可以传达更多的象征意义和情感；其次，抽象图形 Logo 具有艺术性和独特性，通过独特的形状、线条和色彩组合，能够在竞争激烈的市场中脱颖而出，增强品牌的辨识度。适用场景方面，抽象图形 Logo 适合那些希望通过简洁而具有深层次含义的图形来传达品牌价值和理念的公司或组织。它适用于不同行业和领域，特别是那些希望打破传统、展现创新和独特性的品牌。无论是科技公司、设计机构、艺术品牌，还是创意产业，抽象图形 Logo 都能够突出他们的个性和创造力，与观众建立深厚的情感连接。

> **提示词：** simple linear wavy Logo, minimalistic
> **翻译：** 简单的线性波浪形标志，极简

在设计抽象图形 Logo 时，我们为 AI 提供的提示词相对简单，以便给予 AI 更大的发挥空间。这些提示词主要集中在描述 Logo 的风格上，也可以涵盖某位设计师的独特风格，但我们要注意避免侵权问题。通过简洁而有针对性的提示词，AI 可以根据其算法和学习能力生成多种可能的 Logo 设计方案。然而，

我们仍然需要设计师的专业知识和审美眼光来对 AI 生成的设计进行优化和调整，以确保最终的 Logo 符合品牌形象的要求，并免于版权纠纷。因此，在整个设计过程中，平衡好 AI 的创造力和设计师的专业性是至关重要的。

4.2.5 徽章式Logo

徽章式 Logo 具有经典、庄重、权威的特点，适用于各种不同的场景。徽章式 Logo 通常采用圆形、椭圆形，或者其他边框形状，以营造出一种类似徽章的效果。徽章式 Logo 常常运用浮雕效果、纹理、装饰性图案等元素，以突出品牌的传统、质感和专业性。徽章式 Logo 适用于各种需要表达品牌威严、优越感和历史渊源的场景，如政府机构、高端品牌、传统企业等。徽章式 Logo 能够给人一种正式、庄重的感觉，同时也能够传达出品牌的专业性和权威性。由于徽章式 Logo 的设计较为独特和复杂，要注意在不失去清晰度和可识别性的前提下，保持设计的简洁和平衡，以确保品牌形象的凸显和传达。

1 文字提示

我们直接使用提示词就可以生成比较理想的徽章式 Logo。

左上图的提示词如下：

提示词： red fox, front view, Logo design, badge, black background

翻译： 赤狐，前视图，标志设计，徽章，黑色背景

2 **图像提示 + 文字提示**

如下图所示，我们可以使用图像提示 + 文字提示的方式，得到的效果更加符合徽章的形式。

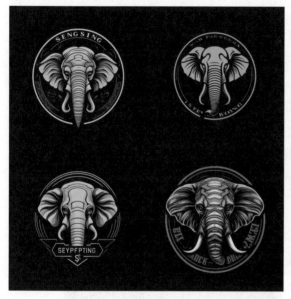 

提示词：（图像提示）elephant, front view, Logo design, badge,
black background, circular

翻译： 大象，正面视图，标志设计，徽章，黑色背景，圆形

图像提示

4.2.6　行业Logo

在写提示词时，我们除了可以写 Logo 的主体元素和表现形式，还可以通过行业来撰写提示词，可以给 AI 更多的发挥空间。如下图所示：

提示词：The Logo of a coffee shop

翻译：咖啡店的标志

提示词：Logo of a technology company

翻译：科技公司的标志

提示词：a logo for a children's toys brand, simple, vector, by Pablo Picasso

翻译：儿童玩具品牌的标志，简单，矢量，毕加索风格

提示词：Logo of a pickled Chinese cabbage fish restaurant

翻译：酸菜鱼餐厅的标志

当缺乏具体的想法时，我们可以简单地写下行业信息，让 AI 自由发挥，拥有更大的想象空间。然而，我们仍然可以明确定义 Logo 的风格。通过确定 Logo 的风格，我们可以为 AI 设定一个具体的设计方向，以确保生成的设计作品与品牌形象相符。这样的定义可以包括颜色、质感等方面的要求，以便 AI 在创作过程中有一个明确的指导。在设计过程中，我们既给予 AI 足够的创作自由度，又保持对 Logo 风格的控制，以确保最终的 Logo 设计能够满足品牌的需求和期望。

4.2.7 总结

我总结了一个通用的 Logo 生成公式：Logo 类型 + 主体物 + 风格 + 艺术家 + 视角 + 行业 + 颜色。这些元素并不是必须都有，可以根据需要选择其中几个即可。希望这个公式能够帮助读者在设计 Logo 时更加有方向和创意。

以下是部分提示词集合。

Logo 类型	字母	吉祥物	徽章式
	具象图形	抽象图形	其他
风格	line（线条）	flat vector（平面矢量）	color block（色块）
	handwriting（手写）	inspiration（创意灵感）	abstract（抽象）
	futuristic（未来主义）	glass（玻璃质感）	minimalist（极简）
	vintage（复古）	Boho（波希米亚）	simplicity（简单）
	De stijl（荷兰风格派）	Japanese style（日式）	elegant（高端典雅）
	POP Art（波普艺术）	organic shape（有机形状）	neon light（霓虹灯）
艺术家	Paul Rand（保罗·兰德）	Milton Glaser（米尔顿·格莱泽）	Piet Mondrian（皮特·蒙德里安）
	Massimo Vignelli（马西摩·维涅利）	Chip Kidd（奇普·基德）	Pablo Picasso（巴勃罗·毕加索）
视角	front view（前视图）	side view（侧视图）	back view（背视图）
颜色	various colors（各种颜色）	gradient colors（渐变色）	psychedelic colors（迷幻色）

4.3/
Logo 的扩展应用

Logo 的扩展应用可以通过 AI 绘画来提供更多的概念图和灵感。不过视觉展示只是其中的一小部分，设计师还需要考虑物料的应用，比如物料的材质、工艺，以及与产品的适配性和使用场景等因素。在物料中放入 Logo，AI 也无法做到一步到位，所以，最终的设计图还需要由专业的设计师来完成。现在，让我们一起欣赏 AI 绘画的作品，看看它们能为我们带来怎样的创意和设计灵感。

4.3.1　整套VI设计

　　VI（Visual Identity）是指企业或品牌的视觉识别系统，包括 Logo、标准字体、配色方案、图标、办公用品、印刷出版等。AI 绘画技术可以用于设计部分 VI 的工作。

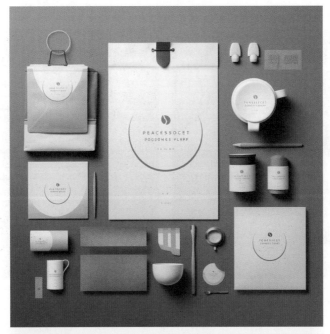

提示词：brand identity mockup, create innovative branding kit mock up designs

翻译：品牌标识模型，创建创新的品牌工具包模型设计

4.3.2 名片设计

名片设计的目的是通过精心设计的布局、字体、颜色和图形等元素，以及合适的内容和格式，来呈现个人或组织的特点和形象。AI 可以生成创意方案、图形元素和配色方案，但是 AI 绘画的名片仅作为设计师的参考。要将这些设计转化为可用的名片，仍然需要使用专业的设计工具进行绘制。

提示词：Hotel business card design

翻译：酒店名片设计

提示词：Business card design for technology enterprises

翻译：科技型企业名片设计

4.3.3 工牌设计

工牌设计和名片设计一样，都需要使用专业的设计工具进行绘制。

> **提示词：** ID card design, flat vector, Simplicity, Elegant, minimalist
>
> **翻译：** ID设计，平面矢量，简洁，优雅，极简

4.3.4 包装设计

AI 绘画在包装设计中表现出色，能够生成创意方案、设计图形元素和优化色彩选择。它所生成的包装设计具有很高的审美，如下图所示：

> **提示词：** Box package design of Chrysanthemum tea, Chrysanthemum botanical illustration, watercolor style, dreamy pastel color, minimal background, romantic atmosphere, flowers around
>
> **翻译：** 菊花茶盒子包装设计，菊花植物插图，水彩风格，梦幻粉彩，极简背景，浪漫氛围，鲜花环绕

提示词：Package design of beer bottles, blue and amber, flowing pattern, transparent, beautiful lighting

翻译：啤酒瓶的包装设计，蓝色和琥珀色，流动的图案，透明，美丽的照明

4.4/
落地实战：教育培训行业Logo设计

在前几节的学习中，我们已经掌握了写 Logo 提示词的 6 个方向。现在，让我们将所学的知识应用到实践中，来设计一个 Logo。

4.4.1 需求沟通

需求：给"青藤教育"设计 Logo，青藤教育主要是做互联网方面的培训，比如产品、开发和设计技能的培训。

● 目标受众：大学生群体以及刚步入社会 5 年内的年轻人。

● 客户偏向风格：年轻时尚。

● 客户偏向色调：绿色、蓝色。

4.4.2 创意构思

我们可以通过与 ChatGPT 进行对话，从中获取创意。此外，我们还可以利用创意思维和头脑风暴的技巧，产生更多的创意灵感。以下是 3 个创意方向：

4.4.3 概念设计

我们可以利用 AI 绘画将创意转化为概念草图。可以参考本书"4.2 如何快速生成 6 种不同类型的 Logo"中的提示词以及公式，更好地撰写提示词。

1 字母

我们以"青藤"为基础，将首字母 Q 作为我们的 Logo 设计元素。这个字母 Logo 简洁明了，容易被人们识别和记忆。

2 **具象图形**

我们的 Logo 灵感源于自然中的藤蔓和树叶，象征着教育的成长和繁荣。藤蔓的盘绕和树叶的绿色，展现了我们公司在教育领域的活力和可持续发展的理念。

3 **吉祥物图形**

我们选择了猫头鹰作为我们的 Logo 吉祥物，因为它具有亲和力强、易于识别和记忆的特点。猫头鹰象征着智慧、知识和学习，它的形象能够代表我们设计师的聪明才智和对知识追求的精神。这个选择不仅与我们的教育行业相关，还展示了公司的专业性和创意。

4 **抽象图形**

我们可以使用 AI 来设计抽象图形，这是一种创新且灵活的方式。通过调整提示词 line 和 color block，可以创造出各种不同的 Logo 表现形式，使其与我们的品牌形象相匹配。这种自由发挥的设计方法可以带来独特而多样化的视觉效果，吸引人们的注意力。

经过初级评选，我们从多个方案中选择了两个在表现形式和独特性方面都很出色的方案。

在第二次评审中，我们最终确定使用了"猫头鹰"作为我们的 Logo。主要考虑到吉祥物 Logo 具有友好和亲和力的特点，能够与人们建立情感连接，激发情感共鸣，从而增强品牌的认可度和忠诚度。吉祥物 Logo 还可以在不同的媒体和平台上灵活运用，如广告、宣传品、社交媒体等，从而扩大品牌的曝光度和影响力。选择猫头鹰作为吉祥物 Logo，将为我们的品牌形象带来独特而有力的表达。

4.4.4 优化和完善

　　为了优化和完善 Logo，我们使用专业设计软件进行了调整。我们对 Logo 进行了自我检测，确保其具备以下特点：简洁明了、易于记忆、能够代表品牌形象并与产品相关、合适的颜色选择，以及良好的适应性。经过对本次生成的 Logo 进行检查，我们发现它已经相当完善，只需进行微小的调整即可达到预期的效果。

　　　　AI生成　　　　　　　　　　　　细节调整　　　　　　　　　　　　线稿

4.4.5 扩展应用

　　Logo 的应用领域非常广泛，这只是 Logo 扩展应用的一小部分示例，具体应用会根据品牌的需求和目标来进行选择和定制。

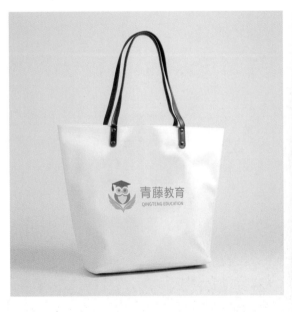 

　　除了上述这些步骤，还包括市场调研、字体设计等。具体的流程可能因项目的规模和要求而有所不同。

4.5/
小结

通过前面几节的介绍，我们可以发现 AI 设计 Logo 具有独特的优势。它能够快速生成设计方案，为设计师提供丰富多样的创意和灵感。然而，在品牌表达和文字处理等方面，AI 仍存在一些局限性。例如以下几点：

● 品牌传达：AI 没有直接理解品牌和情感表达的能力；

● 文字处理：AI 在识别和处理文字方面存在一定的局限性，因此我们应该手动处理和优化 Logo 中的文字，以确保其准确性，同时与整体设计风格相协调；

● 避免侵权：我们必须确保所使用的元素、图像和字体等不会侵犯他人的版权或知识产权。对于生成的图像要有一定的判断力，避免侵权问题。

因此，在使用 AI 生成 Logo 时，我们需要对其优劣进行权衡，并根据具体情况来决定是否适用。或者，我们可以将 AI 生成 Logo 视为一个辅助工具，用来提供创意和灵感，而在品牌表达和文字处理方面，还要依赖我们设计师的专业能力。最终，确保设计出独特、符合品牌形象，并且合法的 Logo 作品。

更多 AI 生成 Logo 欣赏：

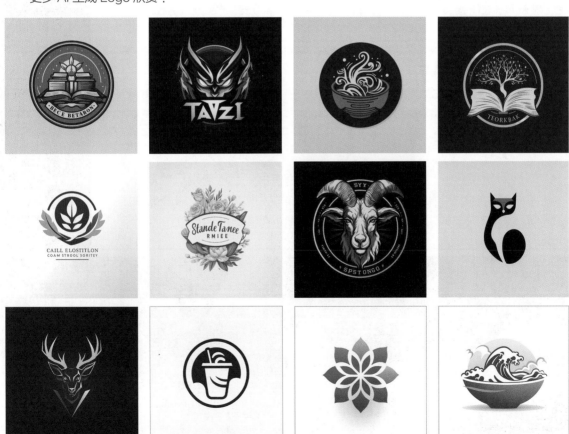

第 5 章

AI 绘画
在 IP 形象设计中的应用

在 IP 形象设计中，AI 绘画可以发挥重要的作用。它的表现已经非常成熟，能够设计出商业化程度极高的 IP 形象。本章将列举不同风格的 IP 形象设计案例，并分享实际操作经验，旨在帮助设计师们更好地创作。

5.1/
关于IP形象设计

IP 形象设计是指对某个品牌、角色、作品等进行形象化处理，以便于在市场上建立独特的形象和特点，提升品牌或作品的认知度和影响力。IP 形象设计通常包括对角色的外貌、服装、个性特点、故事背景等方面进行塑造，以创造出一个具有吸引力、可识别性和亲和力的形象，从而吸引目标受众的注意，并建立起情感联系。IP 形象设计常在动漫、游戏、影视等娱乐产业中使用，也可以应用于企业品牌推广和产品推广中。

5.1.1 IP形象设计的流程

以下是 IP 形象设计的一般流程，具体的流程可能因项目的规模和要求而有所不同。除了需求沟通和设计方案评估，我们可以借助 AI 在其他的步骤中更高效地完成 IP 形象的设计。

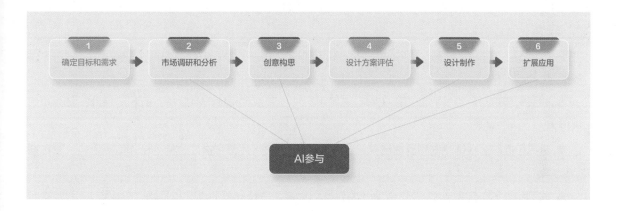

1 确定目标和需求

● 确定 IP 形象设计的目标受众，例如儿童、青少年、成年人等。

● 明确 IP 的核心价值和特点，例如欢乐、创新、情感等。

● 确定 IP 形象设计的具体需求，例如需要一个可爱的形象、一个有力量感的形象等。

2 市场调研和分析

● 对相关市场和行业进行调研和分析，了解竞争对手的 IP 形象设计情况，找出差距和机会。

● 分析目标受众的喜好和需求，了解他们对于 IP 形象的偏好和接受度。

● 研究 IP 所在领域的趋势和潮流，以及相关的文化和艺术元素。

3 创意构思

● 进行头脑风暴，提出多种可能的 IP 形象设计方案，可以通过绘画、写作、模型制作等方式进行创意构思。

● 考虑 IP 形象与核心价值和品牌的契合度，以及与目标受众的共鸣程度。

● 着重考虑 IP 形象的独特性和可识别性，使其在市场中具有差异化竞争优势。

4 设计方案评估

● 对每个创意方案进行评估，包括可行性、符合性、创新性等方面的考量。

● 考虑 IP 形象设计的可操作性和可扩展性，以满足未来可能的推广和延伸需求。

● 将设计方案与目标受众进行测试和讨论，获取他们的反馈和意见。

5 设计制作

● 根据选定的设计方案，进行具体的设计制作工作，包括图形设计、插画设计、角色设计等。

● 借助设计软件和工具，进行设计的绘制、编辑和调整。

● 确保 IP 形象的设计符合品牌的核心特点和目标受众的喜好，同时考虑到设计在不同媒介和平台上的呈现效果。

6 扩展应用

● 测试和反馈：将设计方案应用于实际场景中，进行测试和收集用户反馈，根据反馈进行必要的调整和优化。

● 完善和推广：根据测试和反馈结果，对 IP 形象设计进行完善和推广，包括制作宣传资料、发布推广活动等。

● 监测和维护：定期监测 IP 形象设计的效果和影响，进行必要的维护和更新，以保持 IP 形象的活力和吸引力。

5.1.2　IP形象的扩展应用

IP 形象的扩展应用非常广泛。它可以通过授权和衍生品开发，将 IP 形象应用于各种商品和衍生品中，增加产品的吸引力和市场价值。此外，IP 形象也可以用于媒体和娱乐产业，如电影、电视剧、游戏等，为作品增添独特的魅力和商业价值。品牌推广和营销也是 IP 形象的重要应用领域，通过将 IP 形象作为品牌的形象代言人或标志，实现品牌传播和推广。社交媒体和线上社区是另一个重要的应用领域，可以利用 IP 形象与用户进行互动和传播，增加用户黏性和社交互动。总之，IP 形象的扩展应用是多样且创新的，可以根据不同的情况和需求进行定制和拓展。

以下是 IP 形象的一些扩展应用举例。

1 广告营销海报

将 IP 形象融入海报设计中，能够提升品牌的认知度、建立情感连接、增加广告吸引力，以及扩大品牌的影响力。

2 商品设计

将 IP 形象融入日常用品中，可以增强品牌形象，扩大品牌的影响力。这对于品牌的发展和市场竞争具有重要意义。

3 商品的包装设计

我们可以把 IP 形象作为品牌的形象代言人印刷在商品的包装上。可以使产品与特定的 IP 形象相关联，增加产品的辨识度和吸引力。这种方式能够吸引消费者的目光，并引发他们的兴趣，提高购买欲望。同时，IP 形象作为品牌的形象代言人也能够传递品牌的价值观和形象，进一步巩固品牌的认知度和忠诚度。

5.2 / 如何快速生成12种不同类型的IP形象

在设计 IP 形象时，我们应根据需求选择不同的风格。IP 形象的风格分类繁多，为了提高设计效率，本节列举了 12 种常见的风格类型提示词。只需直接复制这些提示词，就可以生成与之相似的 IP 形象。本节最后，我们总结了一套提示词公式，旨在帮助设计师更高效地进行设计。

5.2.1 动漫风格IP形象

动漫风格 IP 形象通常具有夸张的特点，包括大眼睛、夸张的表情和姿态等，以突出形象的可爱或个性。这种风格适用于动漫、游戏、漫画、周边产品等行业，能激发年轻人和动漫爱好者的兴趣，增加产品的吸引力和市场竞争力。

提示词: little girl, anime character, full body, running, in the style of water drops, 3D, chibi, realistic hyper-detailed rendering, light silver and green, charming realism, dynamic outdoor shots, realistic chiaroscuro, playfully conceptual --ar 2:3 --niji 5

翻译: 小女孩，动漫人物，全身，奔跑，3D，chibi（一种夸张的漫画风格），水滴风格，逼真的超细节渲染，浅银色和绿色，迷人的现实主义，动态的户外拍摄，逼真的明暗对照，顽皮的概念性

5.2.2 怪物毛绒玩偶IP形象

怪物毛绒玩偶 IP 形象通常具有奇特、独特和可爱的特点，包括奇怪的外形、鲜艳的颜色和有趣的表情。

这种形象适用于玩具、儿童娱乐、家居装饰等行业，能吸引孩子和年轻人的目光，为产品和品牌带来独特的视觉冲击力和趣味性。

提示词：fluffy cartoon monster, plush toy, oval body with a pink pointed horn on its head, smile, blue, chibi, kawaii, big head, looking up, front view, studio lighting, C4D, realistic hyper-detailed rendering --niji

翻译：毛茸茸的卡通怪物，毛绒玩具，椭圆形的身体，头上有一个粉红色的尖角，微笑，蓝色，chibi（一种夸张的风格），可爱，大头，抬头，正视图，工作室照明，C4D，逼真的超细节渲染

5.2.3 动物IP形象

动物 IP 形象通常具有可爱、亲切和生动的特点，包括栩栩如生的外貌、灵活的动作和迷人的表情。这种形象适用于玩具、儿童娱乐、影视动画、教育、家居装饰等行业，能吸引人们的注意力，营造温馨和愉悦的氛围，增加产品的吸引力和市场竞争力。AI 绘画也可以画三视图，但是结果不太可控，需要多次尝试才能成功。

提示词：three views, front view, side view, back view, cartoon IP, orange cat, full body, standing, clean background, pixar, IP blind box clay material, studio light, octane render, 3D, C4D, blender, hyper quality, UHD, 8K --ar 16：9 --niji 5

翻译：三视图，前视图，侧视图，后视图，卡通IP，橙色猫，全身，站立，干净的背景，皮克斯，IP 盲盒黏土材料，工作室灯光，辛烷值渲染，3D，C4D，blender（一款3D软件），超高质量，超高清，8K

提示词：3D animation style character design, a cute polar dog cartoon character, --niji 5 --s 120

翻译：3D动画风格的人物设计，一个可爱的北极犬卡通人物

5.2.4 动物拟人IP形象

动物拟人 IP 形象通过将动物赋予人类特征，创造出有趣和可爱的形象。这些形象通常具有拟人化的外貌、行为和表情，能够引起观众的情感共鸣和兴趣。动物拟人 IP 形象的特点还包括增加产品的亲和力和趣味性，吸引消费者的关注和喜爱。如果有需要，我们也可以做成一整套的角色 IP 形象。

> **提示词：** 3D, chibi, a cute <u>tiger</u> cartoon character, holding a book, wearing an overcoat, front view, blue and pink, pure white background, POP MART style, IP image, advanced natural color matching, cute and colorful, exquisite details, C4D, octane renderer, ultra high definition, perfect lighting, cartoon realism, fun character settings, ray tracing --niji 5 --ar 3：4 --s 120
>
> **翻译：** 3D，chibi，一个可爱的<u>老虎</u>卡通人物，拿着一本书，穿着大衣，正视图，蓝色和粉红色，纯白背景，泡泡玛特风格，IP形象，高级自然配色，可爱多彩，精致的细节，C4D，辛烷值渲染，超高清，完美照明，卡通现实主义，有趣的角色设置，光线追踪

5.2.5　物品拟人IP形象

　　物品拟人 IP 形象通过赋予日常物品以人类的特征，例如面部表情和四肢动作，创造出有趣和生动的形象。这种特点能够为产品或品牌增添独特的个性和情感，引起消费者的共鸣和关注。物品拟人 IP 形象的特点还包括能够通过亲和力和趣味性吸引人们的注意力，同时增强了产品的可爱度和与人类的互动性，为市场营销和品牌推广带来创意和趣味。

> **提示词：** <u>mushroom</u> cartoon mascot character design, dressed, anthropomorphic features, lovely, light yellow, pixar, IP, blind box, clay material, pink, studio lighting, octane rendering, 3D, C4D, ultra high definition
>
> **翻译：** <u>蘑菇</u>卡通吉祥物人物设计，穿着衣服，拟人化特征，可爱，浅黄色，皮克斯，IP，盲盒，黏土材料，粉红色，工作室照明，辛烷值渲染，3D，C4D，超高清

5.2.6 未来机甲IP形象

未来机甲 IP 形象通常具有科技感和战斗力强的特点。这些形象通常设计独特的机械外观，配备强大的武器和防御装备，给人一种强大和未来感的视觉冲击。未来机甲 IP 形象的特点还包括高度的机动性和智能化，能够在各种环境中执行任务和战斗。这种形象可以激发人们对未来科技的遐想和向往。未来机甲 IP 形象还能够为相关产品和品牌增加独特的个性和竞争力。

> **提示词：** a cute <u>fox</u> wearing a future mech, tide play blind box, pixar, pastel color, clean background, simplicity, natural light, realistic lighting and shading, the best picture quality and ultra-detail, Whole-body perspective, 3D, C4D, octane render, Ray Tracing --ar 3：4 --niji 5

> **翻译：**一只穿着未来机甲的可爱<u>狐狸</u>，潮玩盲盒，皮克斯，柔和的颜色，干净的背景，简单，自然
> 光，逼真的照明和阴影，最佳的画质和超细节，全身透视，3D，C4D，辛烷值渲染，光线追踪

| --v 5.2 | -- niji 5 |

> **提示词：** super cute robot, blue, clear acrylic, clay material, blind box toy, white background, 3D, C4D, octane
> renderer, high detail, 8K, studio lighting, detail, light color, Cinema lighting, ultra HD, 3D rendering
>
> **翻译：**超级可爱的机器人，蓝色，透明丙烯酸，黏土材料，盲盒玩具，白色背景，3D，C4D，辛烷值
> 渲染，高细节，8K，工作室照明，细节，浅色，影院照明，超高清，3D渲染

5.2.7 人物职业的IP形象

　　不同职业的 IP 形象各具特点。厨师 IP 形象通常是热情、富有创造力和专业技能的；医生 IP 形象通常是充满关怀、专业和慈爱的；教师 IP 形象通常是知识丰富、耐心和善于启发的。无论是什么职业，其 IP 形象都会强调相关职业的核心价值和特质，以吸引目标受众并建立信任。

提示词：a young chef, wearing a chef's hat, big watery eyes, super cute boy IP, chibi, bright color, Disney style, full body, standing, clean background, fine luster, 3D render, octane render, 8K, bright, front lighting --ar 3：4

> **翻译：** 一个年轻的厨师，戴着厨师帽，水汪汪的大眼睛，超可爱的男孩IP，chibi，明亮的颜色，迪士尼风格，全身，站立，干净的背景，精细的光泽，3D渲染，辛烷值渲染，8K，明亮，正面照明

5.2.8　武侠角色IP形象

　　武侠角色 IP 的形象特点多种多样，他们以武艺高强和忠诚正义为特点，总是能够轻松应对各种挑战和战斗。他们追求侠义情怀，重视义气和人情味，愿意为保护弱者和维护社会公平正义而奋斗。有些武侠角色展现出冷酷孤傲的性格特点，他们独来独往，追求自由和独立。总之，武侠角色 IP 的形象特点丰富多样，让人为之着迷，成了文化中的经典形象。

> **提示词：** a rabbit with long ears, tall, holding a sword, in Chinese martial arts costume, full body, Chinese Martial Arts, cartoon IP, 3D rendering, octane renderer, cartoon realism, fun character settings, clean and simple design, perfect lighting, cinematic lighting, ray tracing, exquisite details ––ar 3：4 ––niji ––style expressive ––s 250
>
> **翻译：** 一只长耳朵的兔子，高高的，拿着剑，穿着中国武术服，全身，中国武术，卡通IP，3D渲染，辛烷值渲染，卡通现实主义，有趣的人物设置，干净简单的设计，完美灯光，电影灯光，光线追踪，精致的细节

5.2.9　古风IP形象

　　古风 IP 的形象特点多种多样，它们展现出了古代的风华和韵味。古风 IP 的角色常常穿着传统的服饰，拥有优雅的举止和细腻的情感。古风 IP 的形象特点彰显了古代文化的魅力和独特之处，让人沉浸其中，感受到古代的风采。

提示词：a super cute girl, wearing traditional Chinese Hanfu, chibi, dreamy, IP character design, full body, white background, bright color, pixar style, 3D render, front lighting, high detail, C4D, 8K

翻译：一个超级可爱的女孩，穿着中国传统汉服，chibi，梦幻，IP人物设计，全身，白底，明亮的颜色，皮克斯风格，3D渲染，正面照明，高细节，C4D，8K

5.2.10　暗黑萝莉IP形象

> **提示词：** a figure in a black outfit on a black background, black bodysuit, grey hair, in the style of magical girl, adorable toy sculptures, airbrush art, cartoon, playful character designs, 3D style, intricate details, bow hairband, tied shirt, single glove, knee pads
>
> **翻译：** 黑色背景黑色套装的人物，黑色紧身衣，灰色头发，魔法女孩的风格，可爱的玩具雕塑，喷枪艺术，卡通，有趣的角色设计，3D风格，复杂的细节，蝴蝶结发带，系带衬衫，单手套，护膝

5.2.11　2D风格IP形象

提示词：create a character for kawaii <u>lemon</u> cartoon mascot character design, anthropomorphic features, round and lovely, light yellow, white style, flat illustration style, minimal, chibi, delicate, sports hoodie

翻译：为可爱的柠檬创建一个卡通吉祥物角色设计，拟人化特征，圆形可爱，浅黄色，白色风格，平面插画风格，极简，chibi，精致，运动连帽衫

5.2.12　嘻哈潮玩IP形象

提示词：a super cute girl, MD clothing, trendy clothing, fluffy hair, dreamy, excited, exquisite facial features, headphones, inflatable backpack, pink series, clean background, front view, movie lighting, light and shade contrast, super cute girl IP, 3D, C4D, octane render, chibi, ultra-high definition, best quality --niji 5 --ar 3：4

翻译：一个超可爱的女孩，MD服装，潮流服饰，蓬松的头发，梦幻，兴奋，精致的五官，耳机，充气背包，粉色系列，干净的背景，正视图，电影灯光，明暗对比，超可爱的少女IP，3D，C4D，辛烷值渲染，chibi，超高清，最佳质量

提示词：3D toys, IP, cyberpunk style, cute little girl, laser textured clothes, simple background, generate three
views, namely the front view, the side view and the back view, maintaining consistency and unity, best
quality, C4D, blender, vivid colors, street style, high resolution, lots of details, pixar, candy colors,
fashion trends, art ––ar 16：9 ––niji 5

翻译：3D玩具，IP，赛博朋克风格，可爱的小女孩，激光纹理的衣服，简单的背景，生成三视图，即
前视图、侧视图和后视图，保持一致性和统一性，最佳质量，C4D，blender，生动的颜色，街
头风格，高分辨率，大量的细节，皮克斯；糖果色，时尚潮流，艺术

5.2.13 总结

我总结了一个通用的 IP 形象生成公式：类型 + 主体物 + 风格 + 颜色 + 视角景别 + 质感灯光。这些
元素并不是必须都有，可以根据需要选择其中几个进行设计。希望这个公式能够帮助读者在设计 IP 形象
时更有方向。

以下是部分提示词集合：

类型	IP character design（IP 角色设计）	character design（人物设计）	cartoon realism（卡通现实主义）
	3D toys（3D 玩具）	anime character（动漫人物）	fun character settings（有趣的角色设置）
风格	Pixar（皮克斯）	dreamy（梦幻）	fashion trends（时尚潮流）
	cyberpunk（赛博朋克）	chibi（超级变形）	charming realism（迷人的现实主义）
	street style（街头风格）	POP MART（泡泡玛特）	airbrush art（喷枪艺术）
	flat illustration style（平面插画）	cartoon（卡通）	anthropomorphic（拟人化）

颜色	vivid colors（生动的颜色）	candy colors（糖果色）	pink series（粉色系列）
	gradient colors（渐变色）	psychedelic colors（迷幻色）	advanced natural color matching（高级自然配色）
视角	front view（前视图）	side view（侧视图）	back view（背视图）
景别	full body（全身）	half length（半身像）	close up（大头像）
动作	stand（站立）	run（跑）	wave（挥手）
质感	C4D（三维动画渲染和制作软件）	3D（三维）	blender（三维图形图像软件）
	octane render（辛烷值渲染）	clay material（黏土材料）	lots of details（大量的细节）
	realistic hyper-detailed rendering（逼真的超细节渲染）	ultra-high definition（超高清）	best quality（最佳质量）
	exquisite details（精致的细节）	hyper quality（超高质量）	fine luster（精细的光泽）
灯光	movie lighting（电影灯光）	cinematic lighting（电影灯光）	studio lighting（工作室灯光）
	perfect lighting（完美灯光）	ray tracing（光线追踪）	natural lighting（自然光）
	soft lighting（柔和的灯光）	realistic chiaroscuro（逼真的明暗对比）	night lighting（夜光）

5.3 /
落地实战：盲盒咖啡IP形象设计

5.3.1 确定目标和需求

需求：给"某盲盒咖啡"设计系列 IP 形象。

● 目标受众：通常是年轻一代的消费者，他们对新奇、创意和个性化的产品有较高的兴趣。

● IP 的核心价值和特点：增加用户黏性，增加商品的吸引力和市场竞争力。

● IP 形象设计的具体需求：可爱又新奇的形象。

5.3.2 市场调研和分析

首先，分析目标受众的喜好和需求，了解他们对于 IP 形象的偏好和接受度。盲盒咖啡的目标受众通常是年轻一代的消费者，他们对新奇、创意和个性化的产品有较高的兴趣。他们对 IP 形象的偏好包括：可爱和新奇、个性化和多样性、与自身价值观相关、有品牌故事和情感链接、能够进行数字化互动等。

其次，进行竞争对手分析，研究目标市场中竞争对手的 IP 形象风格和特点，找出差距和机会。这些竞争对手的 IP 形象基本符合可爱有趣的定位，要与竞争对手的 IP 形象进行差异化的设计，我们需要考虑以下几个方面：独特的故事和核心理念、不同的设计风格和表现形式、创造与消费者互动的机会、强调品牌的独特性和价值、符合目标受众的偏好。通过这几点，最终就能实现与竞争对手的 IP 形象差异化的设计。

最后，研究 IP 所在领域的趋势和潮流，以及相关的文化和艺术元素。在盲盒这个领域，总的趋势还是可爱又有趣的卡通形象，以及抽象和艺术化的设计。

在进行市场调研时，我们可以采用多种方法来了解目标市场和受众的需求。例如，我们可以通过调研问卷、访谈、重点小组讨论，以及向 AI 提问等方式进行调查。这些多样化的方法能够帮助我们全面了解受众的需求，并获取准确的市场数据。

如下图所示，这是我们与 ChatGPT 进行的对话：

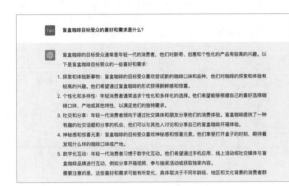

5.3.3 创意构思和设计

我们可以通过 AIGC 进行头脑风暴，提出多种可能的 IP 形象设计方案。

1 方案一

步骤 01 通过与 ChatGPT 的对话和引导，让他生成一个关于盲盒咖啡 IP 形象的故事。通过对故事的解读，我们可以想象一下这个 IP 形象的基本特色：他是咖啡星球的一个冒险家，叫 Moka，拥有未来机甲外观的咖啡豆机器人的形象，勇敢而具有冒险精神。

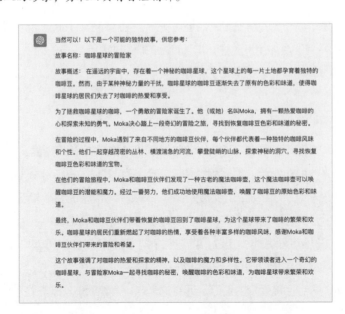

步骤 02 我们利用 "IP 形象生成公式"（类型＋主体物＋风格＋颜色＋视角景别＋质感灯光）把提示词写出来，或者参考上一节中符合我们风格的 IP 形象，在它的提示词基础上做修改。利用 Midjourney 生成出 IP 形象设计图。如下图所示：

 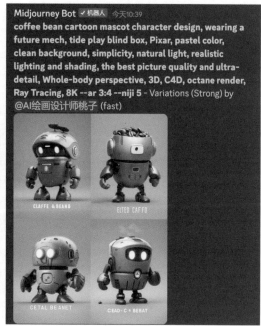

步骤 03 由于 Midjourney 的随机性，我们需要经过多次引导和刷新才能生成出想要的图。经过整理后，效果如下图所示：

2 方案二

我们使用同样的方法进行方案二的设计。

步骤 01 通过对故事的解读，我们可以想象一下这个 IP 形象的基本特色：一群五颜六色毛茸茸的小咖精灵，拥有像咖啡豆一样圆圆的身体，其中一个小咖精名叫 Mocha，对冒险充满了好奇心。

当然！以下是关于咖啡盲盒IP形象的小怪兽的故事，希望您喜欢：

故事名称：小咖精的咖啡探险

故事概述：在一个充满咖啡香气和惊喜的世界中，存在着一个神奇的咖啡盲盒。每次打开盲盒，都会有一个活泼可爱的小怪兽出现，他们被称为小咖精。

小咖精们都有着五颜六色的毛发和大大的咖啡豆眼睛。他们生活在咖啡盲盒世界中，每个小咖精都代表着不同的咖啡口味和个性。

其中一个小咖精，名叫Mocha，对冒险充满了好奇心。她经常梦想着探索咖啡世界的奇妙之处。有一天，她决定踏上咖啡探险之旅。

Mocha带着勇气和好奇心，离开了咖啡盲盒，来到了一个神秘的咖啡森林。这个森林充满了各种奇妙的咖啡树和咖啡花，散发出浓郁的咖啡香气。

在探险的过程中，Mocha遇到了其他小咖精，包括Espresso、Latte、Cappuccino和Machiatto。他们一起穿越森林，跳过巧克力河流，攀爬巨大的奶泡山。

每个小咖精都展示出自己独特的技能和特点，帮助Mocha克服了许多困难。Espresso展示了他的速度，Latte展现了她的创造力，Cappuccino展示了他的智慧，Machiatto展示了他的勇气。

最终，Mocha和她的小伙伴们来到了咖啡瀑布的前方。这个瀑布流淌着美味的咖啡，发出令人陶醉的声音。Mocha和她的小伙伴们一起品尝了这个独特的咖啡，感受到了无限的能量和快乐。

回到咖啡盲盒世界后，Mocha和她的小伙伴们分享了他们的冒险故事。他们成为咖啡盲盒的明星，每一次盲盒的开启都是一场咖啡探险的重新开始。

这个故事强调了勇气、团队合作和探索的重要性。Mocha和她的小伙伴们通过团结一心，克服了各种困难，探索了咖啡森林的奇妙之处。他们的冒险精神和独特的个性使他们成为了咖啡盲盒世界的明星，为每位咖啡爱好者带来了无限的惊喜和咖啡乐趣。

步骤 02 生成方法同上，利用我们的公式撰写提示词。如下图所示，这是我们用 Midjourney 生成出来的效果图。

3 方案三

步骤 01 我们换一种提问方式，直接向 ChatGPT 提出我们的需求。如下图所示：

> **Tao** 什么样的IP形象适合盲盒咖啡？
>
> 对于盲盒咖啡，适合的IP形象应该是可爱、独特且有吸引力的形象。这种形象能够吸引年轻人和喜欢收集盲盒的消费者群体。IP形象可以是可爱的动物、卡通人物、植物或其他有趣的角色。同时，这种形象应该与咖啡文化相融合，让消费者感到兴奋和期待。

> **Tao** 你能帮我设计一个嘛？
>
> 当然可以！以下是一个可能的设计方案：
>
> IP形象：一只可爱的小熊
>
> - 这只小熊有着圆圆的大眼睛和柔软的毛发，看起来非常招人喜爱。
> - 它可以穿着一个带有咖啡豆图案的小围裙，象征着咖啡的身份。
> - 小熊的手中可以拿着一个盲盒咖啡杯，看起来充满期待和惊喜。
>   包装设计：
> - 包装盒采用鲜艳的颜色，如明亮的粉红色或蓝色，吸引目光。
> - 盒子上可以印有小熊的形象，以及咖啡杯和咖啡豆的图案，突出产品特点。
> - 盒子上可以添加一些创意的花纹或图案，增加视觉上的趣味性。
>   营销策略：
> - 制作一段短视频或动画，展示小熊和盲盒咖啡的故事，通过社交媒体传播，吸引消费者的关注。
> - 与知名艺术家或插画师合作，设计限量版的小熊形象，增加收藏价值和独特性。
> - 在包装盒中附送一张小熊的贴纸或明信片，让消费者可以收藏或分享给朋友。
>   这只是一个初步的设计方案，具体的IP形象和包装设计仍需根据品牌和目标消费群体的需求进行调整和优化。希望对你有帮助！

步骤 02 我们将 ChatGPT 给出的 IP 形象描述简化为：可爱的小熊，拥有圆圆的大眼睛和胖乎乎的身体，手中握着咖啡杯。我们可以利用"IP 形象生成公式"来撰写提示词，并通过 Midjourney 生成 IP 形象设计图。结果如下图所示：

我们对每个方案进行了评估，包括可行性、符合性、创新性等方面的考量，以及未来可能的推广和延伸需求，最终选择了方案三。除了依靠 AIGC 进行创意构思，设计师也拥有自己的创意和想法。在本书中，我只重点介绍 AIGC 如何辅助设计师进行创意构思。

5.3.4　IP形象的扩展和推广

IP 形象的扩展应用非常广泛，以下是本方案的一些扩展应用举例。

1 **系列 IP 设计**

IP 形象可以被打造成一个系列，就像一个大家庭一样，这样便于后期的扩展和推广。比如，可以将 IP 形象制作成盲盒，每个盲盒中都有不同的角色或商品，用户可以通过购买盲盒来收集完整的 IP 形象系列。这种方式可以增加用户的参与度和互动性，同时也可以促进 IP 形象的传播和推广。

　　熊乖乖　　　　　　　　熊小蓝　　　　　　　　熊憨憨　　　　　　　　熊白白

　　熊小呆　　　　　　　　熊妈妈　　　　　　　　熊崽崽　　　　　　　　熊肉肉

2 **海报设计**

在海报中融入 IP 形象是一种常见的扩展应用方式，它能够增加海报的吸引力，并为品牌提供宣传的机会。IP 形象作为品牌的代表，可以在海报中传达品牌的核心价值和形象，为品牌建立更深的认可度和连接感。这样的扩展应用方式可以帮助品牌吸引更多的目标受众，提升品牌的知名度和影响力。

3 盲盒玩偶

我们还可以把 IP 形象制作成盲盒玩偶，随咖啡一同送出我们的盲盒。盲盒玩偶是一种流行的玩具，它通常以盒子包装，并且在盒子中隐藏了一个随机选择的玩偶。购买者事先无法知道盒子中包含的具体玩偶是什么，只有在打开盒子后才能揭开谜底。这种玩具的乐趣在于收集和交换，因为人们可以尝试收集所有不同的玩偶款式，或者与其他人进行交换，以获取自己想要的玩偶。盲盒玩偶在年轻人和玩具爱好者群体中非常受欢迎。

4 盲盒卡片

我们还可以把 IP 形象印刷成卡片，制作成盲盒。盲盒卡片是一种类似于盲盒玩偶的产品，但是它们以卡片的形式呈现，每个盲盒包含一个随机的卡片。

为了使 IP 形象设计更加完善，我们还需要关注以下几个方面。

测试和反馈：将设计方案应用于实际场景中，进行测试和收集用户反馈，根据反馈进行必要的调整和优化。

完善和推广：根据测试和反馈结果，对 IP 形象设计进行完善和推广，包括制作宣传资料、发布推广活动等。

监测和维护：定期监测 IP 形象设计的效果和影响，进行必要的维护和更新，以保持 IP 形象的活力和吸引力。

5.4 /
小结

通过前面几节的介绍，我们发现 AI 绘画工具在设计 IP 形象方面具有许多优势。它们能够以精美的方式设计出各种各样的形象，快速生成创意方案，为设计师提供灵感和多样性。然而，我们也要意识到 AI 在某些方面仍然存在一些局限性。例如以下几点。

● 角色一致性：虽然 AI 可以生成大量的创意，但它可能无法保持角色的一致性。在设计 IP 形象时，角色的特征和风格应该是连贯和统一的，以便与品牌形象和故事相匹配。AI 无法完全理解这种连贯性，并可能产生一些不符合要求的设计。

● 创新性：AI 工具是基于已有的数据和模式进行训练的，因此可能受限于已有的创意和设计思路。它可能会倾向于生成与已有形象相似的设计，而缺乏创新性和独特性。这对于一些需要与众不同的 IP 形象来说可能是一个挑战。

● 情感表达：IP 形象通常需要传达特定的情感和人物特征。这包括表情、姿势、氛围等。AI 可能无法完全准确捕捉和表达这些情感，因为情感是复杂而主观的，需要更多的人类触觉和理解。

● 版权和原创性：因为 AI 是通过学习和模仿人类创作的作品生成的，可能会引发知识产权纠纷。

因此，在使用 AI 生成 IP 形象时，我们需要仔细权衡其优劣，并根据具体情况来决定是否适用。或者，我们可以将 AI 绘画视为一个辅助工具，用来提供创意和灵感，而在创造力和想象力等方面，仍需依赖我们设计师的专业能力。最终，我们应确保设计出独特、符合品牌形象，并合法的 IP 形象作品。

更多 AI 生成 IP 形象欣赏：

第6章

AI 绘画
在海报设计中的应用

海报作为一种广泛应用的媒介，无疑是AI绘画实操中不可或缺的一环。海报的类型和风格多种多样，我们在此列举了一些常见的海报类型、海报风格和海报素材的提示词，旨在帮助大家更好、更快地进行海报设计。

6.1/
关于海报设计

海报设计广泛应用于各个领域，包括商业宣传、文化活动、社会公益、艺术展览等。无论是线下宣传，还是线上推广，海报设计都扮演着重要的角色，能够有效地吸引目标受众，传递信息和产生影响。

6.1.1 什么是海报设计

海报设计是一种将文字、图像、颜色和布局等元素结合起来，以传达特定信息、引起观众兴趣和产生视觉冲击的艺术和设计过程。海报设计通常用于宣传、推广、传达信息，或者呈现特定主题的活动。

6.1.2 海报设计流程

海报设计的流程可以概括为以下几个步骤：

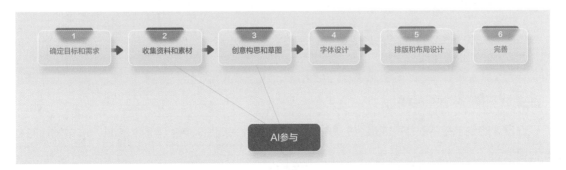

1 确定目标和需求

明确设计海报的目标和需要传达的信息。了解目标受众是谁，他们的喜好、需求和特点，以便进行有针对性的设计。

2 收集资料和素材

收集与海报主题相关的资料和素材，包括文字、图像、照片、插画等。这些素材将作为设计的基础。花瓣、站酷、dribbble 和 pinterest 等素材网站都是很好的选择。

3 创意构思和草图

根据设计目标和收集到的素材，进行头脑风暴，构思出多个设计方案，并进行草图的初步绘制。在这一步中，我们可以利用 AI 绘画生成大量的创意构思草图。

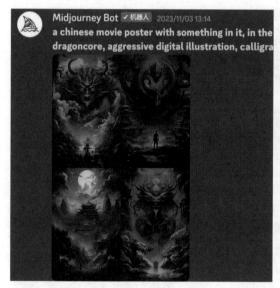 

4 字体设计

根据海报的主题和目标受众，选择适合的字体和配色方案。字体和颜色的选择要与主题相符，并能够传达所需的情感和信息。

5 排版和布局设计

根据草图，进行具体的排版和布局设计。确定文字的位置、大小和样式，以及图像的布局和比例。注意整体的平衡和视觉流动性。

6 完成最终设计和审查

根据设计的要求和草图，完成最终的海报设计。在设计完成后，进行审查和修正，确保设计的准确性和完整性。

以上是海报设计的一般流程，具体的流程可能会因设计师的偏好和项目需求而有所不同。根据实际情况，可以灵活调整和补充流程中的步骤。

6.2 /
如何快速生成4种不同类型的海报

海报的应用范围广泛，类型繁多。虽然我们只列举了一些常见类型的提示词，但这些分类方式能够帮助设计师更好地理解和适应不同类型的海报设计需求。

6.2.1 宣传海报

宣传海报主要用于推广产品或服务，通常包含明确的信息和引人注目的视觉元素，旨在吸引目标受众的注意。

AI生成+PS合成　　　　　　　　　　AI生成+PS合成

备注：由于 AI 绘画的局限性，本章案例图中的文字大多数为后期使用设计软件添加的。

6.2.2 活动海报

活动海报用于宣传特定的活动，如音乐会、展览、演讲会等。这类海报通常会突出活动的日期、地点和参与者，并采用与活动主题相关的视觉元素。

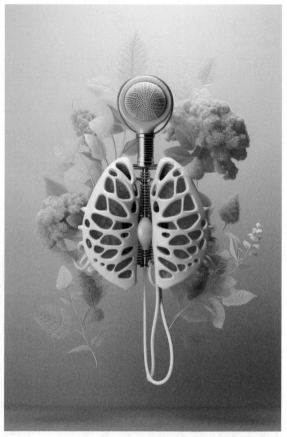

提示词：cello performance concert activity poster

翻译：大提琴演奏音乐会活动海报

提示词：health speech activity poster, C4D, octane render, Blender

翻译：健康演讲活动海报，C4D，辛烷值渲染，Blender

6.2.3 电影海报

电影海报用于宣传电影，通常包含主要演员、导演和电影名称，并以吸引人眼球的方式展示剧情或电影风格。

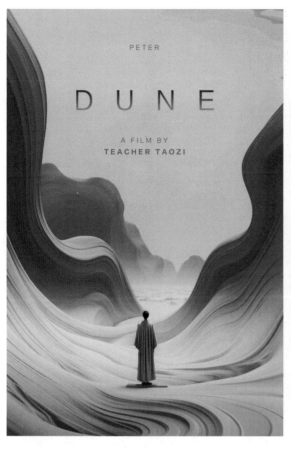

提示词：a man in Hanfu stands next to a red manmade structure, in flowing landscape style, Song Dynasty Gongbi landscape painting, Cinema 4D, organic flowing form, lunar surface, light green and white, Mediterranean landscape, wavy resin sheet

翻译：一个汉服男子站在一个红色的人造结构旁边，流动的山水风格，宋代工笔山水画，Cinema 4D（一款三维绘图软件），有机流动的形式，月球表面，浅绿色和白色，地中海景观，波浪状树脂片

提示词：a poster with a demon on top of the poster, in the style of highly detailed environments, calligraphy-inspired, ray tracing, kushan empire, dynamic action scenes, rough texture, smokey background

翻译：海报上有一个魔鬼，以高度细致的环境为风格，书法为灵感，光线追踪，贵霜帝国，动态的动作场景，粗糙的纹理，烟熏背景

6.2.4 节日海报

节日海报具有明亮鲜艳的色彩和欢乐喜庆的氛围，通过突出节日元素和信息传达，吸引观众的注意力。创意的设计和想象力的运用使得节日海报更具吸引力和独特性，强烈的视觉冲击力能够传达节日的重要性和吸引观众的关注。

提示词： Spring Festival, Chinese elements, a Chinese little boy is dancing a lion, a lion head surrounded by red lanterns and firecrackers, the onlookers are cheering and dressed in Tang costumes, red Chinese elements, blue sky and white clouds, ribbons, fantasies, vivid colors, with sharp contrast and high saturation, high detail, UHD --niji 5

翻译： 春节，中国元素，一个中国小男孩在舞狮，狮子头被红色灯笼和鞭炮包围，身着唐装的旁观者在欢呼，红色的中国元素，蓝天白云，丝带，幻想，色彩生动，鲜明的对比度和高饱和度，高细节，超高清

提示词： The Mid-Autumn Festival, Chang'e Fairy, dressed in ancient attire, holds a rabbit in her arms, auspicious clouds, the huge moon, surrealism, 3D, Disney style, clear outline light, edge light, fantasy, spot light, high detail, hyper quality --niji 5

翻译： 中秋节，嫦娥仙子，身着古装，怀抱兔子，祥云，巨大的月亮，超现实主义，3D效果，迪士尼风格，清晰的轮廓光，边缘光，幻想，聚光灯，高细节，超质量

这些分类只是一些常见的海报设计类型，实际上，海报设计还可以根据具体需求进行更多的细分。

6.3 /
如何快速生成5种不同风格的海报

海报设计具有众多风格，我们只列举了一些常见风格的提示词，这些提示词能够帮助设计师更快速、更灵活地运用不同风格的元素来创作出具有独特风格和吸引力的海报作品。

6.3.1　3D风格海报

3D 风格海报以其逼真的效果、立体感和动感，给观众带来强烈的视觉冲击力和身临其境的感觉。通过突破平面限制，创造出立体效果，吸引观众的注意力并传达信息。

提示词：an island with palm trees and a beach with a chair, in the style of ZBrush, toycore, resin, ad posters, soft shading, studio lighting, soft color scheme

翻译：有棕榈树的岛屿和有椅子的海滩，ZBrush（专业三维建模软件）风格，玩具芯，树脂，广告海报，柔和的阴影，工作室照明，柔和的配色方案

提示词：pastel color, clean background, 3D art, colorful ride theme park scene with a carousel, cartoon mise-en-scene, meticulous design, desert wave, seaside scenes, soft renderings, yellow and pink, C4D, octane render, blender --s 250

翻译：柔和的颜色，干净的背景，3D艺术，带旋转木马的彩色骑行主题公园场景，卡通舞台，细致的设计，沙漠波浪，海边场景，柔和的渲染，黄色和粉红色，C4D，辛烷值渲染，blender

6.3.2 平面风格海报

平面风格海报采用简洁、扁平的设计风格，强调图形元素和色彩的运用，通常使用明亮的色彩和简洁的图形来吸引目标受众的注意。

提示词：a couples looking at each other, vector,
flat illustration, blue orange yellow tones,
bright color scheme, 8K ――niji 5 ――s 250

翻译：一对情侣看着对方，矢量，平面插图，蓝
橙黄色调，明亮的配色方案，8K

提示词：business Memphis style illustration of an
Asian girl, sitting on the living room couch
happily drinking coffee , vibrant illustration
style light purple and yellow, bold colors,
vector, flat illustration ――niji 5

翻译：商务孟菲斯风格的亚洲女孩插图，坐在
客厅沙发上愉快地喝着咖啡，充满活力
的插图风格浅紫色和黄色，大胆的颜
色，矢量，平面插图

6.3.3　插画风格海报

　　插画风格海报是指通过手绘或数字绘图技术创作，营造出具有独特艺术风格的海报。这种风格的海
报通常具有浓厚的个性和创意，能够吸引观众的目光。

提示词：illustrated poster, 4 Asian college students in trendy fashionable clothing, young and energetic, surrounded by computer notebooks, pencils, Rebecca Doodle, mixed pattern, text and emoji device ––niji 5

翻译：插图海报，4名亚洲大学生穿着时尚服装，年轻而充满活力，周围环绕着笔记本电脑，铅笔，丽贝卡涂鸦，混合图案，文字和表情符号设备

提示词：illustration style poster design

翻译：插画风格海报设计

6.3.4　照片风格海报

照片风格海报以摄影作为主要元素，通过精心选择和处理照片来传达信息和情感。这种风格的海报通常具有真实感和视觉冲击力，能够让观众产生共鸣。

提示词：photography style poster, Children's Day

翻译：摄影风格海报，儿童节

提示词：a couple is chasing in the field, wearing wedding dresses and suits, side view, long shot, in the style of photography, high speed sync, graceful balance, unpretentious elegance, natural light

翻译：一对情侣在田野里追逐，穿着婚纱和西装，侧视，长镜头，摄影风格，高速同步，优美平衡，朴实无华的优雅，自然光

6.3.5　抽象风格海报

通过抽象的形式和艺术手法来表达主题和情感。这种风格的海报通常具有独特的形状、线条和颜色，能够激发观众的想象力和情感共鸣。一般适用于艺术展览的宣传。

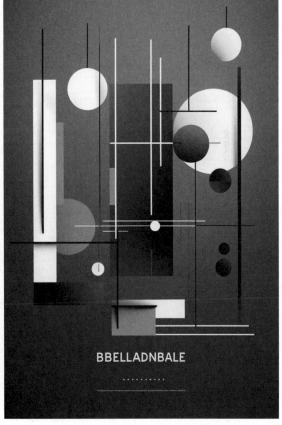

提示词：graphic design poster advertising with bold black headline, abstract style 翻译：具有醒目的黑色标题的平面设计海报广告，抽象风格	提示词：graphic design poster advertising, blue , in a modern style 翻译：平面设计海报广告，蓝色，现代风格

以上这些都是常见的海报设计风格，设计师可以根据具体的目的和受众群体，选择适合的风格来进行设计。除了这些，还有文字风格海报，以文字为主要元素进行设计。这种风格的海报通常注重文字的表达和排列方式，能够通过独特的字体和排版设计吸引观众的注意。但是，由于现阶段 AI 绘画发展的局限性，AI 还不能很好地处理文字。所以，上述方法生成的海报，还需要后期通过专业设计软件添加文案。

 技巧：如果我们对海报的设计还没有想法，就可以提供简短的提示词，以激发Midjourney的想象力，并让它为我们提供更多灵感。如果我们已经有了想法，应尽可能详细地描述我们想要的画面，这样生成的图像将更符合我们的要求。

6.4/
如何用AI生成商业素材图

为了更好地控制海报的每个部分，通常可以将海报进行拆解，并单独生成每个部分。利用 AI 绘画技术可以轻松生成常见的一些海报元素，如背景图案、图标、插图等。这样可以提高海报设计的效率和准确性，并使设计师有更多的时间和精力去创造独特和创意的设计。

6.4.1　背景图

在许多海报设计中，背景起着重要的作用，而利用 AI 生成背景图也非常方便。下列案例中，通过更改提示词中的颜色，我们可以轻松生成各种不同颜色的抽象背景图案，为海报增添独特的视觉效果和艺术感。

提示词： diffuse gradient background, blue, soft colored abstract background, UHD, minimalist backgrounds

翻译： 漫射渐变背景，蓝色，柔和的抽象背景，超高清，极简主义背景

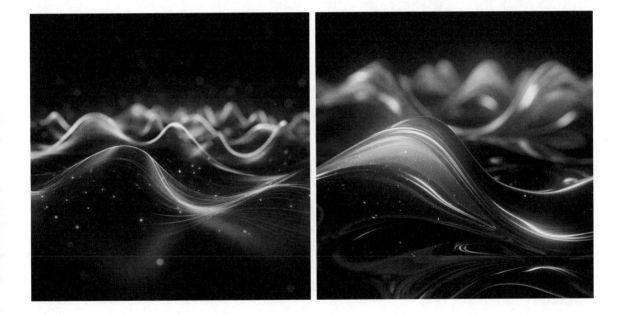

提示词： blue glow waves, in the style of dotted, 3D space, abstract blue lights, streamlined design, rhythmic lines, lens flare, backlight --s 250

翻译： 蓝色发光波，点状风格，3D空间，抽象蓝光，流线型设计，有节奏的线条，镜头光斑，背光

6.4.2　场景氛围图

　　场景氛围图在海报设计中的作用是突出产品的调性，而利用 AI 生成的氛围图中，我们可以轻松融入自己的商品图片。这种方法不仅能节约商品拍摄的成本，还能更好地展示产品在真实场景中的效果，提升海报的吸引力和消费者购买欲望。通过合理运用场景氛围图，可以为产品营销带来更多的便利和创新。

提示词： a bottle of perfume on a white ledge, cream beige rock, a branch, clean light gray background, flat front shot, soft lighting, minimalist style, UHD

翻译： 白色窗台上的一瓶香水，米色的岩石，树枝，干净的浅灰色背景，水平正面镜头，光线柔和，极简主义风格，超高清

提示词： product photography, close-up product photo, an elegant and beautiful female hand, holding a bottle of face cream, fine skin texture, super clear pores and lines, early morning indoor, natural light, close-up hand, super details, high quality, HD, product commercial photography, clear, SONY camera telephoto lens

翻译： 产品摄影，特写产品照片，优雅美丽的女性手，拿着一瓶面霜，很细的皮肤纹理，超级清晰的毛孔和线条，清晨室内，自然光，特写手，超级细节，高品质，高清，产品商业摄影，清晰，索尼相机长焦镜头

6.4.3 材质特写图

材质特写图在电商详情页中起到重要作用，特别是在需要展示商品细节的情况下。通过使用材质特写图，可以生动地展示商品的质感、纹理和细节，让消费者更好地了解产品的材质特性。这种方式能够提高产品的可信度和吸引力，帮助消费者做出准确的购买决策。在电商营销中，合理运用材质特写图能够有效提升商品的竞争力和销售量。

提示词：soft satin material

翻译：柔软的缎面材料

提示词：cream texture, close-up

翻译：护肤霜质地，特写

6.4.4 商用版权图

电商平台每年需要采购大量商用版权图片，以用于制作营销素材。现在我们使用 AIGC，可以生成无限量的多样化素材。这一举措大幅降低图片采购成本，同时也提高了生产效率。

提示词： Chinese adult male, doctor, dressed in doctor's clothing, white attire, smiling, holding a book, portrait
photography, bust, gray background

翻译： 中国成年男性，医生，穿着医生服，白色服装，微笑，拿着书，人像摄影，半身像，灰色背景

提示词：a cat with very beautiful fur, full body, white background

翻译：一只皮毛非常漂亮的猫，全身，白色背景

6.4.5　商品展台

提示词: flat stage design for skin care products, serenity, a single product stage was placed in the middle, social media product scenario application, digital environment, C4D, octane render, blender, UHD

翻译: 护肤品平面舞台设计，宁静，单品舞台置于中间，社交媒体产品场景应用，数字环境，C4D，辛烷值渲染，blender，超高清

提示词：commercial shoot, tropical forest scene, vegetation is lush and brightly colored, a round wooden table in the middle, depth of field, wide angle, natural light, volumetric lighting, advanced sense, super-realistic, models, rich details

翻译：商业拍摄，郁郁葱葱的热带森林景象，植被茂盛且色彩鲜艳，中间有一张圆形木桌，景深，广角，自然光，立体照明，高级感，超逼真，模型，丰富的细节

　　当然，除了前面提到的这些，还有许多其他素材图可以利用 AI 绘画生成，这里不一一举例。除了生

成素材图，我们还可以利用图标、IP 形象、插画等作为海报的主要元素。这里只是简单提及，详细的内容可以在相关章节中找到。这些元素的运用可以为海报增添趣味和创意，让设计更加丰富多样。

6.4.6 案例展示

我们来举个例子，假设我们的需求是为某款猫粮设计一张海报，以突出其纯天然、健康的产品特质。那么如何利用这些素材呢？

步骤 01 如下图所示，这是上一节中生成的商品展台，风格很符合我们的需求，我们可以利用这条提示词生成我们需要的素材。

步骤 02 把提示词中的"中间有一张圆形木桌"改成"一只猫坐在中间的圆形木桌上"。

步骤 03 准备好商品图。

步骤 04 把商品图抠出来，放入背景图中。

步骤 05 对商品图进行调整、打光、融入环境色、增加投影。

步骤 06 添加文案，完成。

6.5/
落地实战：B端科技公司海报设计

在前几节的学习中，我们已经学会了不同海报元素提示词的写法，现在是时候将这些知识应用到实践中，设计一组海报了。

6.5.1 确定目标和需求

需求：给某 B 端科技服务公司设计一系列网站广告图片。

● 目标受众：其他企业或机构，是我们的潜在合作伙伴或客户。

● 宣传目的：建立信任和专业形象、强调产品特点和优势。

6.5.2 收集资料和素材

收集与海报主题相关的资料和素材，包括文字、图像、照片、插画等，这些素材将作为设计的基础。广告文案方面可以利用 ChatGPT 撰写，图像可以去各大素材网站查找。

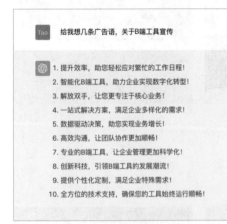
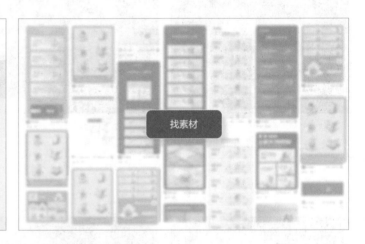

根据对 ChatGPT 不断的提问引导，我们最终确定了 4 组广告词：

1. 强大的安全防护系统，让您的信息永远安全无忧；

2. 全球合作伙伴网络，帮助您拓展全球业务合作；

3. 提供个性化定制服务，满足企业特殊需求；

4. 提供一站式解决方案，让企业管理更加科学化。

6.5.3 绘制草图和AI生成

根据设计目标和收集到的素材，我们进行了头脑风暴，构思出了多个设计方案，并进行了草图的初步绘制。经过对比，我们决定选择下面这个草图作为下一步设计的方案。

我们将海报拆解成了 4 个部分：主视觉图标、图标底座、背景和广告语。对于前 3 个部分，我们决定使用 Midjourney 来生成。

步骤 01 AI 生成主视觉图标。

根据参考图的方向和广告词，我们撰写了提示词。在撰写提示词时，我们回顾了第 3 章的内容，其中包含了许多图标风格的参考提示。我们选择了符合我们方向的提示词，并进行了适当的修改和调整。以下是我们撰写的提示词：

提示词： a 3D shield icon, blue gradient, frosted glass, transparent sense of science and technology, ultra-minimalist appearance, bright color, studio lighting, blue and white background, industrial design, a wealth of details, UHD, ray tracing, isometric view, blender, C4D, octane render --s 250

翻译： 一个3D的盾牌图标，蓝色渐变，磨砂玻璃，透明的科技感，超简约的外观，明亮的颜色，工作室照明，蓝白背景，工业设计，丰富的细节，超高清，光线追踪，等距视图，blender，C4D，辛烷值渲染

以上提示词生成出来的图像，是一个蓝色的 3D 盾牌，如下图 1 所示。其他图标只需更改上述提示词中图标的名称，将"盾牌"改为"礼物盒、文件夹、地球仪"，其余提示词保持不变。生成的图像如下图所示：

步骤 02 AI 生成图标底座。

首先，我们使用 /describe 命令来分析图标底座参考图的提示词（方法详解请参考"2.5.2 describe 命令详解"）。

其次，我们使用图像提示 + 提示词的方法来生成图标底座（方法详解请参考"2.7.1 图像提示"）。在这里，我们可以使用参考素材作为图像提示，并将"/describe 命令生成的提示词"和"生成图标的提示词"结合起来作为底座的提示词。经过以上方法生成的底座如下图所示：

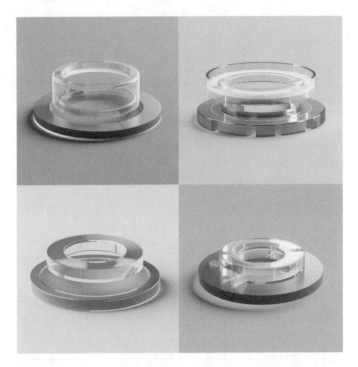

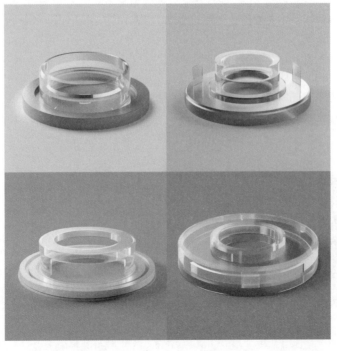

提示词：（图像提示）circular base, isometric icon, blue frosted glass, white acrylic material, white background, transparent technology sense, in the style of data visualization, studio lighting, C4D, blender, octane rendering, high details 8K

翻译：圆形底座，等距图标，蓝色磨砂玻璃，白色丙烯酸材料，白色背景，透明技术感，数据可视化风格，工作室照明，C4D，blender，辛烷值渲染，高细节8K

图像提示

步骤 03 AI 生成背景。

依据上一步生成底座的方法，我们可以继续生成背景。

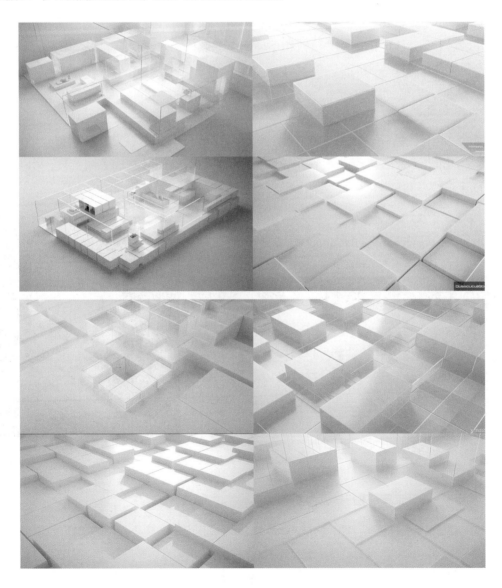

提示词：（图像提示）isometric flooring, flat geometric art, white frosted glass, white acrylic material, white background, transparent technical sense, data lake visualization style, studio lighting, C4D, blender, octane rendering, high detail 8K --ar 16：9

翻译：等距地板，平面几何艺术，白色磨砂玻璃，白色丙烯酸材料，白色背景，透明的技术感，数据湖可视化风格，工作室照明，C4D，blender，辛烷值渲染，高细节8K

图像提示

6.5.4 排版和布局

根据草图，我们进行具体的排版和布局设计，确定文字的位置、大小和样式，以及图像的布局和比例。我们要注意整体的平衡和视觉流动性。

1 使用 AI 工具，去掉图标的背景

我们可以使用 AI 工具来去掉图标的背景，推荐使用 Pixian 工具。

如果你使用设计工具 PS，可以考虑升级到 2024 版本，因为该版本集成了 AI 工具，可以通过一键操作去掉背景。

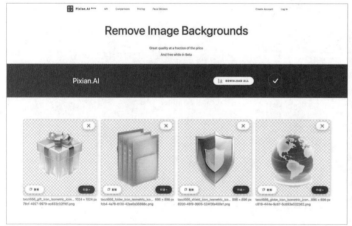

Pixian工具

PS软件

2 使用 PS 设计工具，进行排版和布局

我们首先完成第一张样例图，然后统一设计其他的同系列广告图。以下是 AI 生成的素材：

背景 　　　　　　　　　图标 　　　　　　　图标底座

步骤 01 对背景进行裁切、调色和高斯模糊，这是为了更加突出前景的主体物和文案。

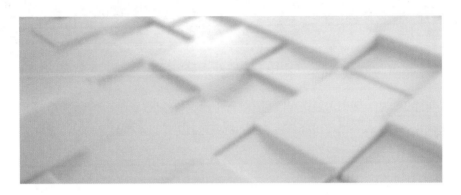

步骤 02 添加主体图标和底座，丰富整个画面。

步骤 03 输入文案，可以在主体图标和底座中吸取颜色作为文字的颜色，使整体更加统一。

3 最终效果展示

按照上述方法把其他系列广告图做出来，效果如下：

当然，在实际工作中，我们需要多次撰写和修改提示词，并进行反复的排版和布局调整，才能最终做出令人满意的设计稿。这个过程可能需要不断地打磨和改进，以确保最终的设计能够符合要求并达到预期效果。

6.6 /
小结

通过之前的学习，我们已经了解到 AI 绘画工具具备生成各种不同素材的能力。它可以快速生成大量创意方案，为设计师提供多样化的创意和灵感。然而，在排版布局和字体设计方面，AI 还存在一些局限性。具体来说，体现在以下两个方面。

● 排版能力有限：AI 在排版能力上存在一定的局限性。虽然它可以自动生成排版布局，但是 AI 很难像设计师那样准确判断不同元素之间的关系，以及如何在空间中合理安排它们。所以，在需要更加精细和个性化的排版时，AI 的表现可能无法满足设计师的要求。

● 字体设计能力有限：AI 在文字处理方面的能力较弱，就现阶段来说，不同的 AI 绘画工具会有不同的表现，比如，Midjourney 可以处理单个字母的设计，但是几乎没有多个字体设计的能力，也没有处理中文的能力；SD 可以处理少数文字的设计，但是对于多行文字排版布局很受限。Adobe Firefly 可以在现有字体的基础上对文字进行特效装饰，但是设计新的字体比较受限。

总之，不同的 AI 绘画工具在字体设计、排版和布局方面的能力有所差异，目前还存在一定的局限性。设计师在应用这些工具时需要根据具体需求和工具的能力进行选择和使用。

第 7 章

AI 绘画
在 UI 设计中的应用

在UI设计中，AI绘画可以帮助设计师更高效地完成工作并提升用户体验，包括原型设计、图标设计、海报设计、配色方案等。

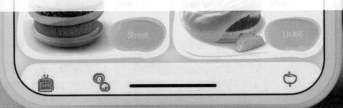

7.1/
关于UI设计

AI 绘画在 UI 设计的表现上能力有限，但在构图版式和颜色上却可以给设计师提供一些灵感和辅助。

7.1.1　什么是UI设计

UI 设计（User Interface Design）是用户界面设计的简称，是指对于软件、网站、手机应用等产品的用户界面进行设计的过程。UI 设计主要关注用户在使用产品时的体验，通过合理的布局、直观的操作方式、美观的视觉效果等，提升用户的交互体验和使用效率。UI 设计师需要考虑用户的需求和心理，以及产品的功能和特点，通过设计界面元素、图标、色彩、字体等，来打造一个易于理解、易于操作、美观大方的用户界面。

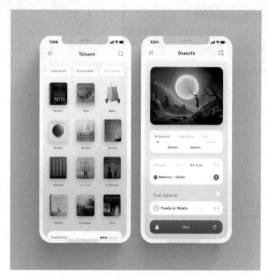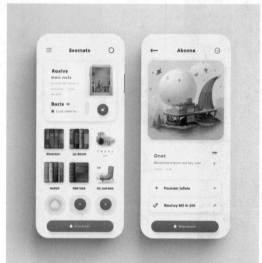

7.1.2　UI设计的流程

UI 设计的流程可以概括为以下几个步骤：

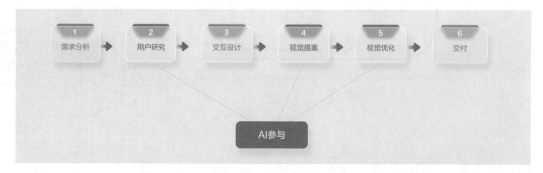

1 需求分析

了解产品的定位、目标用户以及功能需求，与产品经理、开发团队进行沟通，明确设计的目标和需求。我们可以利用 ChatGPT 进行项目的需求分析。我们要提供相关的项目细节和需求背景，以便 ChatGPT 可以更好地理解并进行分析。

2 用户研究

通过用户调研、竞品分析等方法，了解目标用户的喜好、习惯、行为等，为设计提供参考。

通过用户提供的调研命题，ChatGPT 可以生成用户问卷的大纲，这可以为设计问卷提供前期参考，并在问卷设计中提供一定的辅助作用。

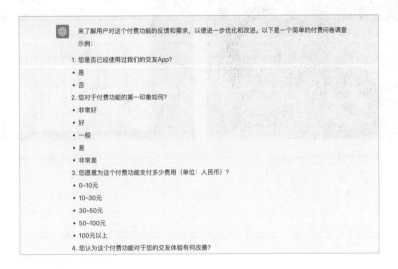

生成问卷之后，ChatGPT 还可以给出一些改进方向供我们参考。

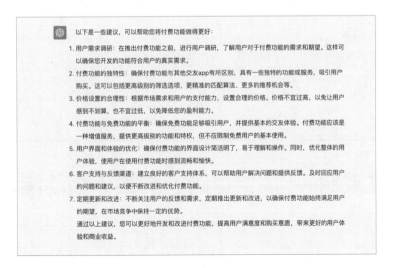

3 交互设计

用户与产品之间的交互方式，包括页面的导航、操作流程、反馈机制等，以提升用户体验。

4 视觉提案

根据产品定位和用户喜好，设计界面的视觉效果，包括色彩搭配、字体选择、图标设计等，以营造产品的整体风格和品牌形象。在这一步中，我们可以利用 AI 绘画生成大量的创意构思草图。

AI生成运动App　　　　　　　　　　　AI生成医院App

5 视觉优化

通过用户测试和反馈，对设计进行改进和优化，修复存在的问题和提升用户体验。

6 最终交付

将设计稿和原型交付给开发团队，协助开发人员完善设计效果。

UI 设计的流程可能因项目的不同而有所差异，但以上的流程是一个通用的设计过程。在实际工作中，可能会有多次迭代和调整的过程，以确保设计与用户需求的匹配。

7.2/
如何快速生成5种不同类型的UI界面（移动端）

在视觉风格设计阶段，设计师可以借助 AI 技术来寻找灵感和参考，在本节我们列举 5 种不同类型的移动端界面设计的提示词，从而获得创意构图和色彩的启发。这样可以有效提高设计的效率，使设计师能够更好地实现他们的设计目标。

7.2.1 电子商务类

目前，电子商务已成为一种流行趋势。电子商务类的 UI 界面设计应简洁、直观，以提供良好的用户体验和导航流程，方便用户快速找到所需商品或服务。

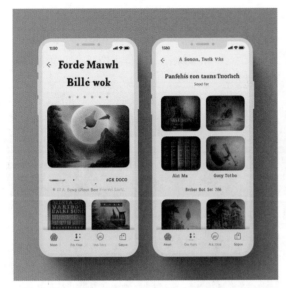

提示词：UI interaction design, books shop App
翻译：UI交互设计，书店应用

提示词：UI interaction design, cake shop App
翻译：UI交互设计，蛋糕店应用

7.2.2 社交媒体类

社交媒体的界面设计具有以下特点：用户能够轻松地浏览、发布和与其他用户进行互动。界面要注重用户生成内容的展示效果，例如照片、视频和文字等，以吸引用户的注意力并增加互动。

提示词：UI interaction design, messaging App 翻译：UI交互设计，消息应用	提示词：UI interaction design, dating App 翻译：UI交互设计，约会应用

7.2.3 游戏类

游戏界面设计非常多样化，可以根据不同的游戏类型应用不同的风格。例如，动作游戏、策略游戏、体育游戏和棋牌类游戏等，每种类型都有其独特的特点和玩法。

提示词：UI interaction design, game App
翻译：UI交互设计，游戏应用

7.2.4 教育类

上述利用简约的提示词生成的界面，为 Midjourney 提供了广阔的发挥空间，非常适合我们在寻找灵感时使用。在我们有更具体的想法后，可以通过详细的提示词描述，使生成的画面更符合我们的要求。然而，最后生成的界面需要经过专业设计软件重新绘制。

举个例子，当我们设计教育相关界面时，可以将教育元素融入其中，如教学楼、师生等，以营造浓厚的教育氛围。如果我们对风格有特定要求，如下图所示，可以描述与插画相关的提示词，也可以包括主色调的描述等。

当我们对风格要求非常特别时，还可以尝试增加--s风格化参数的值，这将使Midjourney的创作更加奇特，可能会带来意想不到的效果。

--s 100（默认值）

--s 750

提示词： education mobile UI interface, teacher and student illustration, school, multi-module, clean interface design

翻译： 教育类移动端UI界面，师生插画，学校，多模块，干净的界面设计

7.2.5 运动健身类

运动健身类 App 的界面设计旨在提供清晰、简洁、精力充沛的界面，突出运动元素和数据展示，同时注重用户的参与感和社交互动，以帮助用户更好地进行运动和健身。

提示词：UI interaction design, fitness App 翻译：UI交互设计，健身应用	提示词：mobile UI design, sports App ‑‑s 250 翻译：移动UI设计，体育应用

7.3 /
如何快速生成4种不同类型的UI界面（Web端）

在本节我们列举 4 种不同类型的 web 端界面设计的提示词，帮助设计师获得创意构图和色彩的启发。

7.3.1　企业官网

企业官网是最常见的界面设计类型之一，官网应该与企业品牌形象相一致，包括标志、颜色、字体等。确保官网设计符合企业的品牌识别，可以营造统一的形象和认知。

提示词：website for company, UI, UX, high resolution 翻译：公司网站，UI，UX，高分辨率	提示词：website for company, UI, UX, blue, high resolution 翻译：公司网站，UI，UX，蓝色，高分辨率

7.3.2 产品介绍类

产品介绍界面设计的特点：首先，突出产品的特点和优势，以吸引用户的注意力和兴趣。例如高质量的产品图片、精美的图标和动画效果等。其次，清晰明了地展示产品的核心信息，包括产品功能、特点、规格、使用方法等。通过简洁明了的文字描述和清晰的排版，使用户能够快速了解产品的关键信息。

提示词： website, product introduction page, detail page of a skin care product, organic feel, natural atmosphere, minimalism

翻译： 网站，产品介绍页，护肤品详情页，有机感，自然氛围，极简主义

7.3.3 艺术展览类

根据展览的类型、风格或者色调，我们可以在提示词中融入相关的元素，以使生成的设计更加贴合展览的特点。

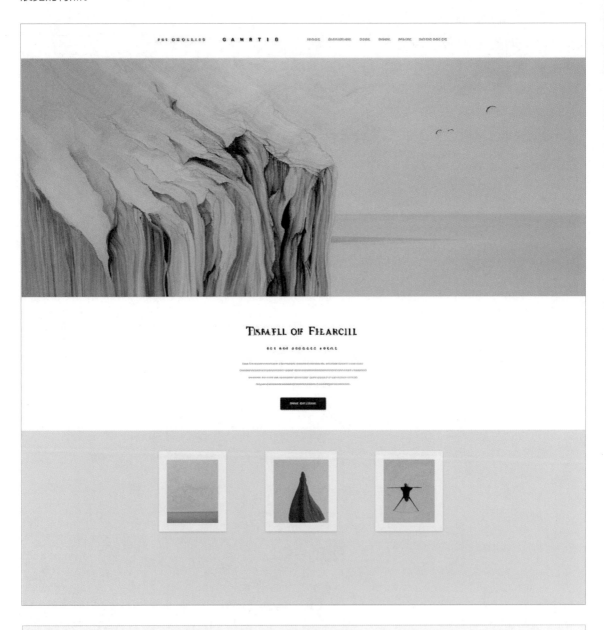

提示词：website for art exhibition, minimalist, high resolution

翻译：艺术展览网站，极简主义，高分辨率

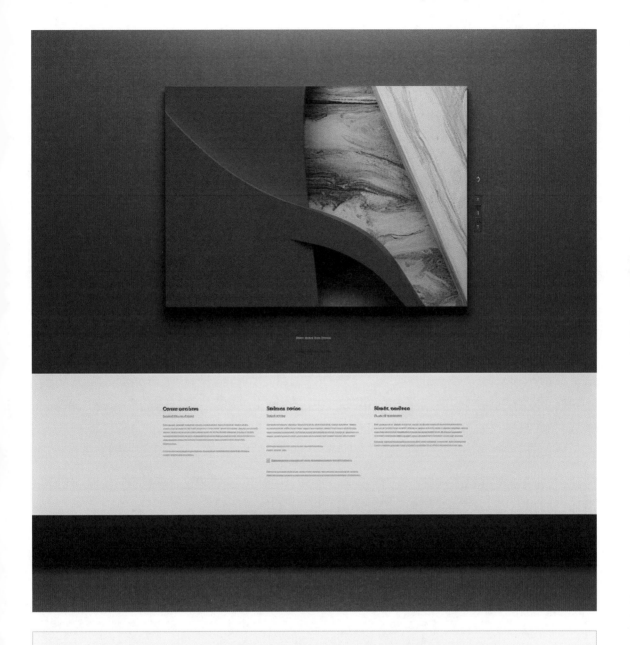

提示词：modern website for art exhibition, minimalist, green and red, exciting, high resolution

翻译：艺术展览现代网站，极简主义，绿色和红色，令人兴奋，高分辨率

7.3.4　酒店官网类

为了使生成的网站更符合酒店的特色，我们可以在提示词中融入与酒店特色相关的词汇。这样可以更好地展示酒店的独特之处。

提示词：modern website for luxury hotel, minimalist, extravagance, high resolution

翻译：豪华酒店的现代网站，极简主义，奢华，高分辨率

提示词：modern website for luxury hotel, minimalist, nature, silent, high resolution

翻译：豪华酒店的现代网站，极简主义，自然，静音，高分辨率

由于篇幅有限，以上只是只列举了部分行业网站设计的展示。在处理其他行业的设计时，我们可以借鉴上述的提示词，并根据实际情况增减提示词，以使其更符合具体需求。在下一章节中，将展示实际的操作案例，通过实际操作，我们将学会如何利用 AI 技术来辅助我们进行设计，从而更好地实现设计目标。

7.4 /
落地实战：翻译软件的首页设计

我们已经掌握了不同类型界面设计提示词的写法，现在将这些知识应用到实际设计中。让我们一起来设计一个界面吧！

7.4.1　需求分析和用户研究

需求：给"某翻译软件"做界面设计。

● 目标受众：跨国企业员工，以及有其他翻译需求的人群。

● **设计目标**：为目标受众提供高质量、高效的翻译解决方案，帮助他们顺利进行国际合作、跨文化交流，以及满足其他翻译需求。让沟通变得更加便捷和无障碍。

● **功能需求**：我们的服务主要包括两种模式，会议模式和个人模式。在会议模式下，我们可以实时翻译会议期间的讲话内容，帮助参会人员进行跨语言交流。而在个人模式下，我们可以提供文件文本的翻译服务，帮助个人用户快速翻译文件内容。

● **用户喜好**：简洁、专业。色调使用蓝色，蓝色通常被视为专业和可靠的颜色，适合用于商务类应用。它可以传达稳定性和信任感。

除了传统的需求分析和用户研究方法，我们也可以向 ChatGPT 提问并生成答案。这种方法可以在一定程度上帮助你获取用户需求和反馈，以便更好地理解用户的需求和期望。但请注意，ChatGPT 生成的回答不一定准确或完全符合用户的期望，因为它是基于大量数据训练得到的模型，并不具备真实世界的智能和判断力。因此，在使用 ChatGPT 生成答案时，你需要进行筛选和验证，以确保其准确性和

可靠性。同时，传统的需求分析和用户研究方法仍然是获取真实用户需求的重要手段，建议与 ChatGPT 结合使用，以获取更全面和准确的用户需求。

7.4.2 构思草图

步骤 01 根据之前的分析，我们可以开始绘制首页的草图。草图是一个简化的、粗略的设计原型，用于初步展示页面的布局和内容安排。我们首页包含的主要元素模块有会议模式、文本模式和功能按钮。

步骤 02 把草图上传到 Midjourney，作为"图像提示"，生成的图像如下图所示。我们可以将觉得不错的图像放大，可以更清楚地看到细节，帮助我们评估色彩和布局。

步骤 03 点击 Zoom Out 2X 可以把图像扩展两倍，生成的图像如下图所示。接下来，在进行界面设计时，我们可以参考此页面的色调、布局及设计细节等。（我们可以一直重复上述步骤，直到生成出比较理想的界面。）

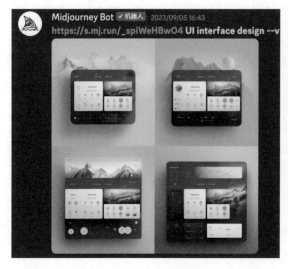

7.4.3　界面设计

步骤 01 使用专业设计软件进行排版布局，这里使用的是 Figma。

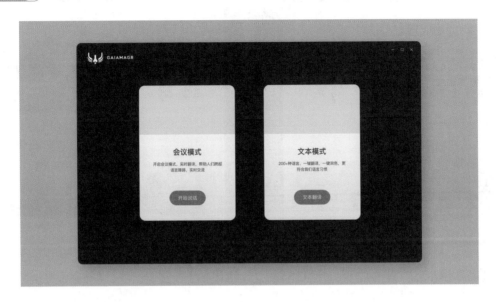

步骤 02 我们可以使用 AI 绘画生成配图，以增强页面的视觉效果。对于会议模式，我们可以选择一张插画，描绘一个开会的场景。这可以展示企业员工在会议中合作和交流的形象，增加页面的吸引力和可视化效果。

对于文本模式或个人模式，我们可以选择一张插画，描绘一个人办公的场景。这可以包括一个员工在办公桌前工作，使用电脑、文件和其他办公用品的形象。这样的插画可以突出个人工作和专注的氛围，与跨国企业员工在日常工作中的情境相符。

通过选择与页面内容相关的插画，我们可以更好地与目标用户产生共鸣，并提供一个更丰富和有趣的用户体验。当然，确保所选的配图符合品牌形象和目标用户的偏好也是很重要的。

考虑到我们的主色调是蓝色，以及希望展现品牌的简洁和专业形象，可以在设计提示词时将相关信息融入其中。这样可以提升用户对品牌的认知和连接。

在编写提示词时，我们可以采用以下几个策略。

使用相关关键词：选择与跨国企业员工和翻译平台相关的关键词，如"全球翻译""专业翻译服务""多语言沟通"等。这些关键词可以直接传达我们的品牌定位和服务领域。

结合扁平化插图：在提示词中结合使用扁平化插图，以进一步体现品牌形象。扁平化插图的简洁风格和几何形状与我们的蓝色主色调相得益彰，可以为品牌带来一致的视觉效果。

创造积极氛围：在提示词中传递积极和乐观的信息，以吸引和鼓励用户使用我们的翻译平台。例如，可以强调我们的平台能帮助他们实现全球沟通和跨文化交流的目标。

通过在提示词中融入相关信息，我们可以巧妙地传达品牌形象和服务特点，同时与扁平化插图一起创造出简洁、专业和吸引人的用户体验。

步骤 03 我们选中合适的插图，并调整它们的色调，以使它们与品牌的整体配色更加一致。

我们可以使用图像编辑软件或在线工具中的色彩校正、色调映射和调整饱和度等功能来改变插图的色彩。确保插图的色调与我们的主色调相匹配，并保持视觉一致性。

在调整色调时，我们可以参考以下几点。

主色调：我们可以将品牌主色调应用到插图中。

调整亮度和对比度：根据需要，调整插图的亮度和对比度。确保插图的明暗区域清晰可见，并与页面的其他元素协调一致。

平衡饱和度：根据我们的品牌风格，调整插图的饱和度。确保插图的颜色饱和度适中，既不过于艳丽，也不过于暗淡。

统一色调：对插图进行整体色调的调整，使其与页面的其他元素保持一致。这可以通过调整色阶、色调曲线和色彩平衡等工具来实现。

步骤 04 为了增加界面的层次感，我们可以考虑在背景上添加一些元素，并使用 Midjourney 生成背景图像。可以选择合适的元素，例如几何形状、图案纹理、摄影图像等。这些元素可以在背景上创建一种视觉层次感，并增添一些丰富的细节。

在本案例中，我决定使用山脉作为我们的背景，写好相关的提示词，并用 Midjourney 生成背景图像，如下图所示：

步骤 05 调整背景图，并融入界面中。到这一步，我们的首页就完成了。

7.5/
综合运用

UI 设计可以综合运用前几章所学的知识，包括图标设计、海报设计等。

7.5.1　启动页设计

启动页又称闪屏页，是指在用户打开应用程序时，显示在用户设备屏幕上的一个页面。它通常是一个短暂的页面，用于展示应用程序的品牌标识、Logo、名称等，并且可以包含一些简单的动画、加载进度提示等。启动页的主要目的是提升用户体验和引起用户的注意，同时也可以传达应用程序的核心功能和特点，以吸引用户继续使用应用程序。启动页的设计应该简洁、清晰，并且与应用程序的整体风格和品牌形象一致。下面举例说明。

1　需求分析

需求：某 App 的启动页设计，没有专题活动的情况下，我们可以通过情感化的设计来吸引用户的注意。以"冬至"为例，我们通过展示冬至节气的优美图像，如雪景、冬至庆祝的场景，传达冬天的寒冷和温馨感，将其与品牌调性相结合。在启动页上加入 App 的品牌标识，并使用冬季色彩搭配，如冷色调，能够营造冬至的氛围。通过简短的祝福语和动态效果，如雪花飘落，我们可以创造出一张富有情感和艺术感的启动页。

2　撰写提示词

经过分析，我们决定在启动页上使用雪景的摄影图来突出冬至的主题。我们将以此创意思路来撰写提示词。

● 主题描述：枫叶，霜，雪。

● 风格描述：国家地理照片。

● 画质描述：精致，高细节，强纹理、超高清。

● 提示词：red maple leaves, in the style of light white and light orange, frost , delicate, national geographic photo, high detailed, 64K, strong texture, ultra-high definition, enhanced effect。（翻译：红枫叶，淡白色和淡橙色风格，霜，细腻，国家地理照片，高细节，64K，质感强，超高清，增强效果。）

3　使用 Midjourney 生成图像

根据上节撰写的提示词，用 Midjourney 生成图像，可以不断地修改提示词和刷新，直到生成满意的图像。

4 应用效果

应用 Midjourney 的延展功能 Zoom Out、Pan 可以对生成的图像进行放大、前后左右扩展等操作，以满足我们的尺寸需求。

7.5.2 引导页设计

引导页是指在用户初次打开 App 时出现的页面，通常用于向用户介绍和引导 App 的功能、特点以及使用方法。引导页的目的是帮助用户熟悉和了解 App 的基本操作。通过精心设计 App 引导页，可以帮助新用户更好地理解和掌握 App 的操作方法，提高用户的初次体验，降低用户的迷失感，并提升用户的留存率和忠诚度。

如下图所示案例，此引导页主要是向用户介绍产品特点。

插画均为Midjourney生成

7.5.3　活动弹窗设计

App 活动弹窗是指在 App 中弹出的一个窗口或对话框，用于向用户展示特定的活动信息和优惠，并引导用户参与或享受相应的活动内容。通过活动弹窗，可以促进用户参与特定的活动，增加用户互动和参与度，提升用户对 App 的黏性和忠诚度。然而，在设计和使用活动弹窗时需要注意平衡，以避免对用户体验造成干扰和厌烦。

如下图所示案例，此弹窗广告主要用于引导用户参加活动。

配图均为Midjourney生成

7.5.4　banner设计

App 的 banner 设计是指在 App 界面上的横幅式广告设计。主要用于吸引用户的注意力，宣传企业产品，或促使用户进行特定的行动，如单击广告、下载应用程序，或参与活动。

如右图所示案例，具体设计流程请参考本书"6.5 落地实战：B 端科技公司海报设计"。

7.5.5　直播间界面

如下图所示，我们可以利用 AI 绘画来设计直播间界面和成长体系界面的图标。本案例具体设计流程请参考本书"3.4 落地实操：直播间界面设计"。

7.6 /
小结

UI 设计是一项综合性设计工作，需要运用前面几章学到的知识，包括图标设计、Logo 设计、海报设计、插画设计等。在整体界面设计方面，AI 绘画可以辅助构思草图，而具体的界面设计仍需要专业设计师来完成。在细节方面，我们可以利用 AI 绘画的图标设计、海报设计等能力。

综上所述，UI 设计需要通过合理运用 AI 绘画和专业设计师的能力，最终创造出令人满意和有吸引力的界面。随着 AI 技术的不断发展，相信 AI 绘画在 UI 设计中的应用将会越来越多样化和智能化。

第 8 章

用 AIGC 设计游戏界面：
萌萌连连看

通过前面7章的学习，相信大家已经对AIGC在设计领域的表现有了充分的
了解。在本章中，我们将进行实战，一起来设计一款游戏界面。

8.1/
确定游戏风格和游戏策略

在设计一个游戏之前，我们需要确定游戏的风格和游戏策略，从而为设计一个有趣、吸引人的游戏奠定坚实的基础。

8.1.1　使用ChatGPT辅助设计调研

设计需求：针对女性用户的一款"厨房主题"连连看游戏，虚拟游戏名称为"萌萌连连看"。

连连看是一款非常经典的休闲益智类游戏，玩家需要在规定的时间内将相同图案的两个图标用三根以下直线连在一起进行消除，直至将所有图标消除干净。

由于 AI 绘图具有高度的随机性和风格化的特质，而界面设计更注重理性的构图版式。因此，在正式进行绘图之前，我们需要提前明确画面的整体风格。这样可以确保后续 AI 生成的图像不偏离方向，并更准确地获得我们所期望的图像。

我们可以利用 ChatGPT 提出问题，并根据以下由 ChatGPT 生成的回答，获得 4 种不同的风格。这 4 种风格都比较符合我们的设想，因此只需选择其中一个方向即可。

> ME　针对女性的连连看小游戏的界面设计成什么风格最合适？
>
> ⑤　对于女性的连连看小游戏，考虑到一般女性群体往往较为偏爱轻松愉快、细腻且有吸引力的元素，以
> 下的风格可能会更为合适：
>
> 1. 温馨可爱风：界面设计以粉色或者蔚蓝色为主调，元素设计上可以采用如动漫形象、可爱动物、甜
> 品、花朵等可爱元素，营造温馨可爱的氛围。
> 2. 浪漫优雅风：可以使用浅紫、浅蓝等优雅的色调，从法式风格、花卉、宝石等元素中获取设计灵感，
> 营造一种浪漫、优雅的氛围。
> 3. 简约清新风：如果面向的是喜欢唯美、简约风格的女性，那么界面设计可以采用温和的色调，并运
> 用类似极简风格的设计元素，来营造出清新、舒适的游戏环境。
> 4. 童趣风格：如果面向的是年轻或者喜欢可爱元素的女性用户，那么可以采用明亮的色彩，大胆、有趣
> 的图形，来创造一种活泼、童趣的氛围。
> 不论采用何种风格，都需要保证游戏界面的清晰易懂、操作的便捷流畅，这样才能吸引和留住玩家。
> 同时，还要做好游戏性能的优化，保证游戏的流畅运行，提升用户体验。

8.1.2　使用AI进行视觉提案

 Prompt（提示）

Midjourney 模型有两种生成图像的模式，其中最常见的是 "text to img"，即通过文本描述，告诉AI 模型我们想要的画面，并由模型根据描述绘制图像；另一种是 "img to img"，即通过一张原始图片和

文本描述来生成与原图风格相似，但又不完全相同的图像。无论使用哪种模式，都需要明确一个关键概念——Prompt（提示）。它能帮助我们准确定义想要生成的图像的特定要素和风格。

Prompt 的写法大致由以下几个部分构成，提示图像、提示词以及参数。接下来，我们将通过 AI 绘画和设计软件来完成"萌萌连连看"的首页设计。

> **提示词公式：** 主体内容 + 坏境氛围 + 风格化 + 其他设定

2 视觉提案

根据 ChatGPT 的分析，我们选取第一种"温馨可爱风"作为我们这款游戏的主基调，并从 ChatGPT 的回答中提取几个提示词：温馨、可爱、粉色、蓝色、甜品、花朵。撰写好提示词后，在 Midjourney 中生成多个视觉风格，并进行视觉提案。

方案一　　　　　　　　方案二　　　　　　　　方案三

选择最符合"萌萌连连看"调性的视觉稿。方案一的金属质感太硬朗，缺乏温馨感；方案二的黄色更符合厨房的基调；方案三的粉色略显幼稚，太偏童趣。综合分析考量后，决定还是选取方案二的黄色作为"萌萌连连看"的主色调。

8.1.3 使用ChatGPT辅助产品经理生成游戏策略

我们可以利用 ChatGPT 辅助产品经理生成游戏策略。如下图所示，我们可以看到，ChatGPT 可以提供有用的建议和创意，但是我们在生成策略时仍需要产品经理的主观判断和专业经验来进行优化和决策。将 ChatGPT 生成的策略与产品经理的专业知识结合起来，形成最终的游戏策略。将生成的游戏策略进行测试，并收集用户的反馈。根据反馈结果进行改进和调整，确保策略能够满足用户的期望和需求。

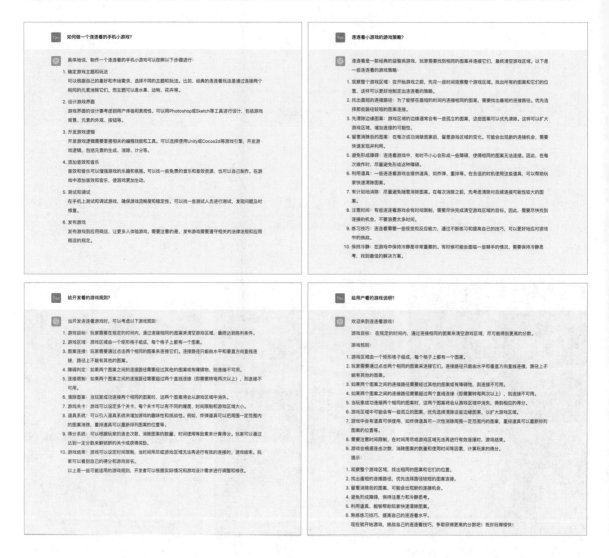

8.2/
首页设计第一步：用Midjourney生成场景页面

我们可以将页面拆分成几个部分，并使用 Midjourney 逐个生成。我们优先考虑生成场景页面，这将为整个界面的风格奠定基础。

8.2.1　根据需求和构思，画出首页的草图

根据需求画出草图，首页主要由以下几部分组成：

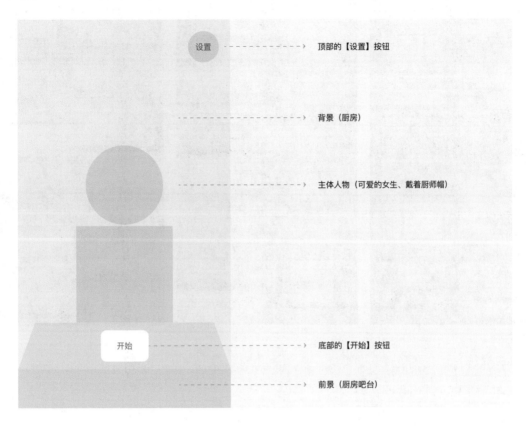

由于 AI 绘画生成的图像很难一步到位，我们把首页拆解为几个模块分别生成，以便于再次修改和调整。主要模块有场景（背景和前景）、主体人物、其他元素。

8.2.2　用Midjourney生成背景

提示词公式： 厨房游戏UI界面设计＋暖黄色＋黏土材料、C4D、OC渲染＋比例9：16

1 撰写提示词生成多个方案以供挑选。

> 提示词：the UI interface design of a cute and cozy kitchen themed mini game, lightweight texture, warm yellow,
> C4D, OC rendering ——ar 9：16
>
> 翻译：一款可爱舒适的厨房主题迷你游戏的UI界面设计，质地轻盈，暖黄色，C4D，OC渲染

2 单击 U，生成大图。

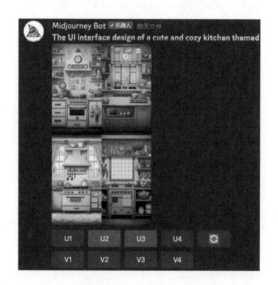

3 方案呈现。

经过对比、挑选和讨论，我们最终决定选择方案一。

| 方案一 | 方案二 | 方案三 |

8.2.3　用Midjourney生成前景

> **提示词公式：** 有吧台的厨房游戏UI界面设计 + 暖黄色 + 黏土材料、C4D、OC渲染 + 比例9∶16

　　根据草图，我们需要添加一个前景的吧台。我们继续使用 Midjourney 生成带有吧台的图片。在比较了多个方案后，我们发现方案一的吧台与我们的背景风格更加搭配，因此我们选择了方案一。到目前为止，我们已经准备好了所有的背景素材。

| 方案一 | 方案二 | 方案三 |

8.3 /
首页设计第二步：用Midjourney生成主体人物

我们已经准备好了所有的背景素材，接下来开始使用 Midjourney 生成主体人物。

8.3.1　用Midjourney生成主体人物

提示词公式： 可爱的女孩厨师 + 黏土材料、C4D、OC渲染 + 纯色背景

根据上面的公式撰写提示词，具体生成方法请参考上一步教程。

提示词：a cute girl chef, laugh, clay material, C4D, OC rendering, solid color background

翻译：可爱的女孩厨师，笑，黏土材料，C4D，OC渲染，纯色背景

8.3.2 使用PS进行主体细节优化

选择下图作为我们的主体人物，整体很完善了，只需要在服装上添加我们的品牌元素即可。

步骤 01 使用一个小工具 pixian，一键抠图。

步骤 02 使用设计工具 PS 添加品牌元素。

8.4/
首页设计第三步：其他元素

首页除了场景和人物，还有按钮【开始】和【设置】。先用 Midjourney 生成按钮；再用 PS 添加图标和文案。

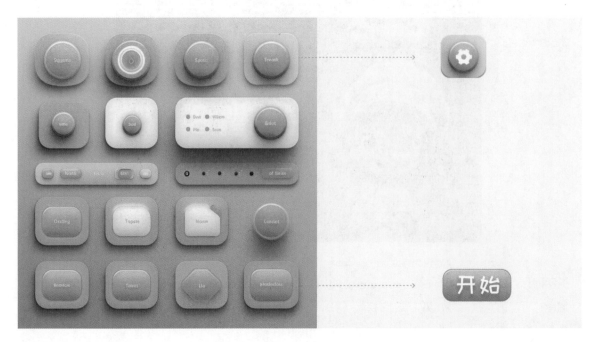

提示词：UI designed buttons, three-dimensional, orange yellow color

翻译：UI设计的按钮，三维，橙黄色

8.5/
首页设计第四步：用PS合成场景、人物、按钮

我们已经准备好了首页所需要的全部素材，接下来开始合成所有素材。

1 全部素材

如下图所示，这是前面几个步骤准备的所有素材。

背景

前景

主体人物　　　　　　　　　　　　按钮

2 合成

在这一步，我们需要使用专业的设计软件对所有素材进行合成。

步骤 01 准备好"背景"素材，裁切好所需尺寸。

步骤 02 把"前景"中的吧台抠出来，融入"背景"图中，并清理桌面的物品，方便后续放入按钮。

步骤 03 把主体人物融入"背景"之中。

步骤 04 把按钮融入界面中。

到此为止，首页设计已完成。我们需要注意以下两点。

● 风格统一：用 Midjourney 生成图片的时候，应使用统一风格的提示词。

● 视觉层次：使用层次结构来组织信息，突出重要的内容。通过大小、颜色和背景等元素的变化，将注意力引导到重要的要素上。

8.6 /
其他界面设计

由于首页已经为我们奠定了基础风格，因此我们可以按照首页的风格来设计其他界面。

8.6.1 画出游戏界面的草图

根据游戏需求画出界面的草图，主要由以下几部分组成：

顶部的【返回】【设置】按钮

背景

中间区域的游戏主图标

底部的【提示】【炸弹】【刷新】道具按钮

8.6.2 用Midjourney生成游戏界面主图标风格

提示词公式： 道具名称 + 黏土材料、C4D、OC渲染 + 纯色背景

1 使用 Midjourney 生成多个方案。

方案一

提示词： some very cute bread props, icons, rich colors, game props, clay materials, lightweight textures, C4D, OC rendering, solid background

翻译： 一些非常可爱的面包道具，图标，丰富的色彩，游戏道具，黏土材料，轻质纹理，C4D，OC渲染，纯色背景

方案二

方案三

提示词: some very cute cake props, icons, rich colors, game props, clay materials, lightweight textures, C4D, OC rendering, solid background	提示词: some very cute vegetable props, icons, rich colors, game props, clay materials, lightweight textures, C4D, OC rendering, solid background
翻译: 一些非常可爱的蛋糕道具,图标,丰富的色彩,游戏道具,黏土材料,轻质纹理,C4D,OC 渲染,纯色背景	翻译: 一些非常可爱的蔬菜道具,图标,丰富的色彩,游戏道具,黏土材料,轻质纹理,C4D,OC 渲染,纯色背景

2 我们选择方案二,蛋糕元素更加可爱、色彩丰富。我们可以使用 pixian 工具一键抠图。

8.6.3　批量生成道具

　　除了主体图标，还有底部的道具图标，分别是"提示""炸弹""刷新"。我们使用同样的提示词，只需要更改主体元素即可，主要目的是确保风格的统一性。

方案一

提示词：some very cute lamp bulb props, icons, rich colors, game props, clay materials, lightweight textures, C4D, OC rendering, solid background

翻译：一些非常可爱的灯泡道具、图标、丰富的色彩、游戏道具、黏土材料、轻质纹理、C4D、OC渲染、纯色背景

方案二

提示词：some very cute bomb props, icons, rich colors, game props, clay materials, lightweight textures, C4D, OC rendering, solid background

翻译：一些非常可爱的炸弹道具，图标，丰富的色彩，游戏道具，黏土材料，轻质纹理，C4D，OC渲染，纯色背景

方案三

提示词：some very cute brush props, icons, rich colors, game props, clay materials, lightweight textures, C4D, OC rendering, solid background

翻译：一些非常可爱的刷子道具，图标，丰富的色彩，游戏道具，黏土材料，轻质纹理，C4D，OC渲染，纯色背景

8.6.4　使用PS组合界面

步骤 01 用 Midjourney 生成一张背景图片。

步骤 02 截取部分图片当作背景。

步骤 03 融入游戏主图标。

步骤 04 融入道具和按钮。

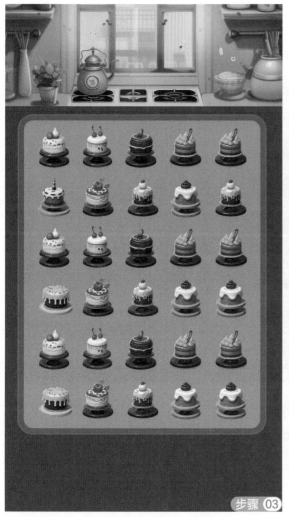

8.7/
小结

到目前为止，我们已经完成了最主要的界面设计，其余界面的设计方法和前面介绍的方法相同。因此，我们的设计教程即将结束。还有一些需要注意的内容。

● 风格统一：我们用 Midjourney 生成图像的时候，使用能统一风格的提示词，比如，在本章的游戏案例中，几乎每次图片生成时都会使用以下提示词：clay material，C4D，OC rendering（黏土材料，C4D，OC 渲染)。

● 视觉层次：使用层次结构来组织信息，突出重要的内容。通过大小、颜色和背景等元素的变化，将注意力引导到重要的元素上。

连连看游戏效果展示：

在游戏制作界面中，AI 绘画能快速生成丰富多样的场景、人物、道具等，使游戏界面变得精美又多样化。AI 绘画的优势在于节省时间和成本，同时为我们提供了无限创意的可能性。由于 AI 绘画具有一定的不可控性，需要我们付出一些时间和耐心进行尝试，直到获得满意的结果。